中等职业学校旅游服务类专业
理实一体教改教材

茶艺与服务

第3版

主编◎郑春英

北京师范大学出版集团
BEIJING NORMAL UNIVERSITY PUBLISHING GROUP
北京师范大学出版社

图书在版编目（CIP）数据

茶艺与服务 / 郑春英主编. —3 版. —北京：北京师范大学出版社，2022.1（2025.1 重印）

ISBN 978-7-303-26750-7

Ⅰ. ①茶… Ⅱ. ①郑… Ⅲ. ①茶文化－中国－中等专业学校－教材 Ⅳ. ①TS971.21

中国版本图书馆 CIP 数据核字（2021）第 011965 号

出版发行：北京师范大学出版社 https：//www.bnupg.com
北京市西城区新街口外大街 12-3 号
邮政编码：100088
印　　刷：北京同文印刷有限责任公司
经　　销：全国新华书店
开　　本：889 mm×1194 mm　1/16
印　　张：11.25
字　　数：210 千字
版　　次：2022 年 1 月第 3 版
印　　次：2025 年 1 月第 15 次印刷
定　　价：32.80 元

策划编辑：姚贵平　　责任编辑：齐　琳　钱君陶
美术编辑：焦　丽　　装帧设计：焦　丽
责任校对：陈　民　　责任印制：赵　龙

前　言

20 世纪 90 年代末，茶艺师作为一种职业被列入职业大典，填补了服务行业中的一项空白。同时，一种新的休闲场所——茶艺馆诞生了。

茶，是中国的国饮，蕴含了深厚的传统文化底蕴。而今，饮茶已成为一种文化艺术。随着社会的发展、人们生活品位的提升，茶艺这一传统的文化必然能陶冶人们的情操，将人们带入大雅之堂。茶艺馆作为宣扬茶文化的主要载体，起到了积极的作用。

面对传承中华优秀传统文化的要求和市场需求，茶艺馆服务人员的综合素质和专业素养显得尤为重要。目前，有关茶艺的书籍很多，但茶艺教材却相对较少。

本书以习近平新时代中国特色社会主义思想为指导，全面落实立德树人根本任务，注重提高学生的技能，发展学生的能力，强化学生的核心素养。在知识与实训内容的安排上有机衔接、灵活配合，构建了科学的内容体系。本书是一本内容充实、知识面宽、图文并茂、实用性强的专业教材，涵盖了茶业发展史、茶叶知识、茶艺表演等相关内容，适合中等职业学校旅游服务类专业学生和工作在服务业第一线的高素质劳动者与初中级专门人才使用，既可作为教师的教学用书，又可作为学生自学的辅导书，还可作为技能考试的参考书。

本书展现了作者多年的茶艺教学、实践经验积累的成果。本书由郑春英主编，李靖、徐京红、索扬、王珊珊、杨凤霞、张莉、贾艳琼、梁海珠、秦蓓参与编写。

本书在编写过程中，参阅了大量的著作和文章，在此对所参考和借鉴成果的作者表示诚挚的谢意！由于编者水平有限，本书疏漏之处在所难免，恳请读者不吝赐教，以便我们继续修订，使之日臻完善。

目录

contents

第一单元　绿茶沏泡服务 /1

任务 1　认识绿茶 /2

任务 2　绿茶沏泡服务与品饮技巧 /11

第二单元　红茶沏泡服务 /27

任务 1　认识红茶 /28

任务 2　红茶沏泡服务与品饮技巧 /33

第三单元　乌龙茶沏泡服务 /45

任务 1　认识乌龙茶 /46

任务 2　乌龙茶沏泡服务与品饮技巧 /55

第四单元　黄茶沏泡服务 /73

任务 1　认识黄茶 /74

任务 2　黄茶沏泡服务与品饮技巧 /77

第五单元 白茶沏泡服务 /95

任务 1 认识白茶 /96

任务 2 白茶沏泡服务与品饮技巧 /98

第六单元 黑茶（普洱茶）沏泡服务 /111

任务 1 认识黑茶 /112

任务 2 普洱茶沏泡服务与品饮技巧 /117

第七单元 花茶沏泡服务 /131

任务 1 认识花茶 /132

任务 2 花茶沏泡服务与品饮技巧 /135

第八单元 茶艺馆的建设与经营管理 /143

任务 1 认识茶艺馆 /144

任务 2 茶艺馆的环境布局与服务 /152

任务 3 茶艺馆的人员配备与分工 /157

任务 4 茶艺馆的经营与管理 /160

第一单元

绿茶沏泡服务

学习目标

本单元应该了解的知识

- 绿茶的特点
- 绿茶的生产制作
- 茶树外形的分类
- 我国主要绿茶名品

本单元应该掌握的技能

- 认识沏泡绿茶适合的茶具
- 掌握沏泡绿茶时的水温
- 掌握沏泡绿茶的步骤及方法

任务 1 认识绿茶

如今，人们喜欢茶叶的香、茶水的清、茶烟的萦绕，因此会为一盏茶而停留，有意无意地感受茶的意境。

茶干色绿，清汤绿叶是对绿茶最好的形容。由于内敛的特性，绿茶香味悠长，滋味鲜醇。由嫩芽嫩叶制成的茶，冲泡后，芽叶展开，在水中翩翩起舞，具有较高的欣赏价值。绿茶以其独特的品质和保健功效，流传数千年，被人们接受和喜爱。

一、绿茶的特点

学习笔记

绿茶，又称不发酵茶，是以适宜茶树新梢为原料，经杀青、揉捻、干燥等典型工艺过程制成的茶叶。其干茶、冲泡后的茶汤和叶底色泽以绿色为主调，故名绿茶。

绿茶较多地保留了鲜叶内的天然物质，其中茶多酚、咖啡碱保留鲜叶的 85% 以上，叶绿素保留 50% 左右，维生素损失也较少，从而形成了绿茶“清汤绿叶，滋味收敛性强”的特点。

中国茶中名品最多的当数绿茶，它不但香高味长，品质优异，而且造型独特，具有较高的艺术欣赏价值。

绿茶有大宗绿茶和名优绿茶之分。大宗绿茶是指除名优绿茶以外的炒青、烘青、晒青等普通绿茶，大多以机械制造，产量较大，品质以中、低档为主。大宗绿茶要求鲜叶嫩度适中，一般以采一芽二叶为主，兼采一芽三叶和幼嫩的对夹叶。这是中国目前采用最普遍的采摘标准。这种采摘标准下的茶叶品质较好，产量较高，经济效益也不差。

名优绿茶是指造型有特色，内质香味独特，品质优异的绿茶，一般以手工制造，产量相对较小。例如，高级西湖龙井、洞庭碧螺春、黄山毛峰、庐山云雾等，对鲜叶嫩度要求很高，一般是采摘茶芽和一芽一叶，以及一芽二叶初展的新梢。前人称采“旗枪”茶、“莲心”茶，指的就是这个意思。这种采摘不仅花工夫，而且产量不多，季节性强，大多在春茶前期采摘。

二、绿茶的生产制作

绿茶一般经过杀青、揉捻、干燥三道工序加工而成。杀青是形成该茶类品质的关键工序，根据杀青方法的不同，分为炒热杀青和蒸汽杀青两类。

杀青　　手工揉捻　　机械揉捻　　干燥

图 1–1　绿茶的生产制作过程

炒热杀青是我国绿茶的传统杀青方法，按干燥方式的不同，又可分为炒青（锅炒或滚炒）、烘青和晒青。成茶分别称为炒青茶、烘青茶和晒青茶。其优点是香味浓醇鲜爽，因而深受消费者的欢迎。

（一）炒青茶

炒青茶按外形可分为长炒青、圆炒青和扁炒青。

长炒青的主产区是浙江、安徽和江西三省。浙江有杭炒青、遂炒青和温炒青；安徽有屯炒青、芜炒青和舒炒青；江西有婺炒青、赣炒青和饶炒青等。

中高档的长炒青条索紧结，浑直匀齐，有锋苗，色泽绿润；香气浓高，滋味浓醇，汤色黄绿清澈，叶底黄绿明亮。经精制后的长炒青称为眉茶，以出口为主要销售渠道。

图 1–2　炒青

圆炒青也是我国绿茶的主要品种之一，历史上主要集散地在浙江绍兴市平水镇，因而称为“平水珠茶”，毛茶又称为平炒青。外形呈颗粒状，高档茶圆紧似珠，匀齐重实，色泽墨绿油润，内质香气纯正，滋味浓醇，汤色清明，叶底黄绿明亮，芽叶柔软完整。经精制后的圆炒青称为珠茶，主要出口非洲国家。

扁炒青呈扁平形，有龙井茶、大方茶、旗枪茶等。龙井茶因产地不同，有西湖龙井茶和钱塘龙井茶之分。

（二）烘青茶

烘青茶有毛烘青和特种烘青。毛烘青是条形茶，产区分布甚

学习笔记

图 1-3 烘青

广，各主要产茶省均有生产，以浙江、安徽和福建三省最多。品名一般在“毛烘青”前加产地名，如浙毛烘青、徽毛烘青、闽毛烘青、湘毛烘青、苏毛烘青和滇毛烘青等。特种烘青即烘青名优茶，主要有黄山毛峰、太平猴魁、开化龙顶、江山绿牡丹等。

毛烘青的外形条索尚紧直，有锋苗，露毫，色泽深绿油润；内质香气清纯，滋味鲜醇，汤色黄绿、清澈明亮，叶底嫩绿、明亮完整。其中，徽毛烘青条索壮实，香味较浓，叶底肥厚；闽毛烘青条索细紧挺直；浙毛烘青条索稍松，嫩度较好，香味鲜和。

（三）晒青茶

晒青茶在中南、西南各省区和陕西均有生产。一般以产地为名，如滇毛青、鄂毛青、黔毛青、湘毛青、豫毛青和陕毛青等，品质以滇毛青为佳。晒青毛茶一部分精制后以散茶形式供应市场，一部分作为紧压茶原料。

图 1-4 晒青

晒青茶的外形条索尚紧结，色泽乌绿欠润，香气低闷，常有日晒气，汤色及叶底泛黄，常有红梗红叶。其品质不及烘青茶。

此外，还有蒸汽杀青的绿茶。蒸汽杀青的茶简称蒸青茶。日本的茶叶基本上以蒸青绿茶为主，如抹茶、玉露茶、碾茶和煎茶等，锅炒杀青茶较少。

高档煎茶条索细紧圆整，挺直呈针状，匀称有尖锋，色泽鲜绿有光泽；香气似苔菜香，味醇和，回味带甘；茶汤澄清呈淡黄绿色。中、低档煎茶条索紧结略扁，挺直较长，色泽深绿，香气尚清香，滋味醇和略涩，叶底青绿色。

三、绿茶的主要名品

我国幅员辽阔，气候各异，绿茶名品众多，主要有龙井、碧螺春、黄山毛峰、太平猴魁、雨花茶、竹叶青、信阳毛尖等。

（一）西湖龙井

西湖龙井茶是我国第一名茶，素享“色绿、香郁、味醇、形

学习笔记

图 1-5　西湖龙井

美”四绝之美誉。它集中产于杭州西湖山区的狮峰山、梅家坞、翁家山、云栖、虎跑、灵隐等地。这里树林茂密，翠竹婆娑，气候温和，雨量充沛，沙质土壤土层深厚，一片片茶园就处在这云雾缭绕、浓荫笼罩之中。

西湖龙井的采制技术相当考究，有三大特点：一是早，二是嫩，三是勤。清明前采制的龙井茶品质最佳，称明前茶。谷雨前采制的品质尚好，称雨前茶。采摘十分强调细嫩和完整，必须是一芽一叶。通常制造 1 千克特级西湖龙井茶需要采摘 7 万～8 万个细嫩芽叶，经过挑选后，将其放入温度在 150~300℃光滑的特制锅中翻炒，通过“抓、抖、搭、榻捺、推、扣、甩、磨、压”炒制出色泽翠绿、外形扁平光滑、形如“碗钉”、汤色碧绿、滋味甘醇鲜爽的高品质西湖龙井茶。

品尝高级龙井茶时多用无色透明的玻璃杯，用 85℃左右的开水进行冲泡，揭开茶杯盖。冲泡后叶芽形如一旗一枪，簇立杯中，交错相映，芽叶直立，上下沉浮，栩栩如生，宛如青兰初绽，翠竹色艳。品饮欣赏，齿颊留芳，沁人肺腑，非下功夫不能领略其香。

学习笔记

（二）洞庭碧螺春

碧螺春是绿茶中的佼佼者。有古诗赞曰：“洞庭碧螺春，茶香百里醉。”它主要产于苏州西南的太湖之滨，以吴县（今苏州市吴中区、相城区）洞庭东、西山所产为最，已有 300 余年历史。它以条索纤细、卷曲成螺、茸毛披露、白毫隐翠、清香幽雅、浓郁甘醇、鲜爽甜润、回味绵长的独特风格而誉满中外。

碧螺春之所以有如此雅名，与它的产地和采制工艺分不开。苏州太湖洞庭山分东、西两山，洞庭东山宛如一只巨舟伸进太湖，洞庭西山是一个屹立于湖中的岛屿，两山风景优美，气候温和湿润，土壤肥沃。茶树又间种在枇杷、杨梅、柑橘等果树之中，茶叶既具有茶的特色，又具有花果的天然香味。碧螺春的采制工艺要求极高，采摘时间从清明开始，到谷雨结束。所采之芽叶须是一芽一叶初展。制 1 千克干茶要 12 万多个这样

图 1-6　洞庭碧螺春

的芽叶。将采摘的芽叶经过一番精细的拣选，达到长短一致、大小均匀的标准后，除去杂质，然后投入烧至150℃的锅中，凭两手不停地翻抖上抛（杀青），直至锅中噼啪有声；接着降温热揉，使其条索紧密，卷曲成形，并搓团显毫，使其干燥，制成条索纤细、卷曲成螺的茶叶。碧螺春分为7级，芽叶随1~7级逐渐增大，茸毛逐渐减少。

冲泡碧螺春茶时，要先在杯中倒入开水，再放入茶叶，或用70~80℃开水冲泡，披毫青翠的碧螺春一投入水中，白色霜毫立即溶失，随后茶叶纷纷下沉，并由曲而伸展，仿佛绽苞吐翠，春染叶绿。稍停，杯底出现一层碧清茶色，但上层仍是白色，淡而无味。如果倒去一半，再冲入开水，芽叶全部舒展，全杯汤色似碧玉，闻之清香扑鼻，饮之舌根含香，回味无穷，顿时使人神清气爽。

（三）信阳毛尖

信阳毛尖产于河南省信阳市，已有2000多年的历史。茶园主要分布在车云山、集云山、云雾山、震雷山等群山的峡谷之间。这里地势高峻、层峦叠嶂、溪流纵横、云雾弥漫，还有豫南名泉“黑龙潭”和“白龙潭”，景色奇丽。正是这里的独特地形和气候滋生孕育了肥壮柔嫩的茶芽，为信阳毛尖独特风格的形成提供了天然条件。

图1–7　信阳毛尖

信阳毛尖一般自4月中下旬开采，以一芽一叶或一芽二叶初展为特级和1级毛尖；一芽二三叶制2~3级毛尖。采摘好的鲜叶经适当摊放后进行炒制。先生炒，经杀青、揉捻，再熟炒，使茶叶达到外形细、圆、紧、直、光、多白毫，内质清香，汤绿叶浓。

信阳毛尖曾荣获1915年万国博览会名茶优质奖，1959年被列为我国十大名茶之一，1982年被评为国家商业部优质产品，不仅在国内20多个省区有广泛的市场，而且还远销日本、德国、美国、新加坡、马来西亚等十余个国家，深得中外茶友称道。

（四）太平猴魁

太平猴魁堪称“刀枪云集，龙飞凤舞”。外形两叶抱一芽，平扁挺直，不散、不翘、不曲；全身披白毫，含而不露。叶面的色泽苍绿匀润，叶背浅绿，叶脉绿中藏红。入杯冲泡，芽叶成朵，不沉

学习笔记

不浮，悬在明澈嫩绿的茶汁之中，似有好些小猴子在杯中伸头缩尾。猴魁茶汁清绿明亮，滋味鲜醇回甜。20 世纪 60 年代初，越南的胡志明同志到徽州避暑，临走时特意带回去一包太平猴魁。

图 1-8 太平猴魁

猴魁产于我国著名风景区黄山的北麓，太平县新明乡三合村猴坑、猴岗、颜村等地。茶园大多坐落在海拔 500~700 米的山岭上，主要分布在凤凰尖、狮形山和鸡公尖一带，由于三峰鼎足、崇山峻岭、林壑幽深、地势险要，传有猴子采茶之说。这里低温多湿，土质肥沃深厚。山上，常年云雾缭绕，夏日夜晚凉爽，晨起云海一片，浓雾茫茫。山下，太平湖蜿蜒。幽谷中，山高林密，鸟语花香。

猴魁的采制时间一般是在谷雨到立夏间，茶叶长出一芽三四叶时开园。采摘时讲究“三拣”——拣棵、拣枝和拣尖，同时注意分批采摘，精细挑选，取其嫩芽，弃其大叶，严格剔除虫叶，保证鲜叶原料全部达到一芽二叶的标准，且大小一致，均匀美观。猴魁制作工艺精巧，杀青时用手炒锅，炭火烘烤，火温在 100℃以上；每杀青一次，仅投鲜叶 100~150 克，在锅内连炒 3~5 分钟，制作的全过程达四五小时。猴魁的包装也很考究，需趁热时装入锡罐或铁筒内，待茶稍冷后，以锡焊口封盖，使远销国内外的猴魁久不变质。猴魁为极品茶，依其品质高低又分 1~3 等或上、中、下品。

学习笔记

（五）黄山毛峰

图 1-9 黄山毛峰

据《徽州府志》记载：“黄山产茶始于宋之嘉祐，兴于明之隆庆。”由此可知，黄山茶历史悠久，在明朝就很有名了。

黄山毛峰是清代光绪年间由谢裕泰茶庄所创制。该茶庄创始人谢静和，安徽歙县人，以茶为业，不仅经营茶庄，而且精通茶叶采制技术。1875 年后，为迎合市场需求，谢氏每年清明时节在黄山汤口、充川等地，登高山名园，采肥嫩芽尖精心制炒，标名“黄山毛峰”，远销东北、华北一带。

黄山为我国东部的最高山峰，素以苍劲多姿之奇松、嶙峭奇妙之怪石、变幻莫测之云海、色清甘美之温泉闻名于世。明代徐霞客给予黄山很高评价：“五岳归来不看山，黄山归来不看岳。”把黄山推为我国名山之首。现在黄山毛峰的生产已扩展到黄山山脉南北麓的黄山市徽州区、黄山区、歙县、黟县等地。这里山高谷深，峰峦叠嶂，溪涧遍布，森林茂密，气候温和，雨量充沛，年平均温度15~16℃，年平均降水量1800~2000毫米。土壤属山地黄壤，土层深厚，质地疏松，透水性好，含有丰富的有机质和磷肥，适宜茶树生长。优越的生态环境为黄山毛峰自然品质风格的形成创造了极其良好的条件。

黄山毛峰分特级和1~3级。特级黄山毛峰又分上、中、下三等，1~3级各分两等。特级黄山毛峰堪称我国毛峰之极品，其形似雀舌，匀齐壮实，锋显毫露，色如象牙，鱼叶金黄；内质清香高长，汤色清澈，滋味鲜浓、醇厚、甘甜；叶底嫩黄，肥壮成朵。“黄片”和“象牙色”的特级黄山毛峰外形与其他毛峰相比有明显不同。

黄山不仅盛产名茶，而且多有名泉。名山、名茶、名泉相得益彰。用黄山泉水冲泡黄山茶，茶汤经过一夜，第二天茶碗也不会留下茶痕。

学习笔记

（六）六安瓜片

六安瓜片历史悠久，早在唐代，书中就有记载。茶叶称为“瓜片”，是因其叶形像颇大的瓜子。色泽翠绿、香气清高、味道甘鲜的六安瓜片，历来被人们当作礼茶，用来款待贵客嘉宾。明代以前，六安瓜片就是供宫廷饮用的贡茶。据《六安州志》载：“天下产茶州县数十，唯六安茶为宫廷常进之品。”

图1-10　六安瓜片

六安瓜片的产地主要在安徽六安，以金寨县齐云山蝙蝠洞所产的茶叶品质为最优，用开水冲泡后，雾气蒸腾，清香四溢。

六安瓜片采摘标准以对夹二三叶和一芽二三叶为主，经生锅、熟锅、毛火、小火、老火5道工序制成形似瓜子的单片，自然平展，叶缘微翘，大小均匀，不含芽尖、芽梗，色泽绿中带霜（宝绿）。

（七）雨花茶

雨花茶创制于1958年，因产于南京雨花台附近而得名。

图 1-11 雨花茶

雨花茶的采摘标准精细，要求嫩度均匀，长度一致，具体标准是采摘半开展的一芽一叶为原料。雨花茶必须在谷雨前采摘，制作过程全部为手工完成。该茶产区属宁镇丘陵区，这里海拔仅60米上下，酸性黄棕色土壤，年均气温15.5℃，无霜期225天，年降水量在900～1000毫米。雨花茶外形圆绿，如松针，带白毫，紧直。

雨花茶冲泡后茶色碧绿、清澈，香气清幽，滋味醇厚，回味甘甜。紧、直、绿、匀是雨花茶品质特色，表现为：形似松针，条索紧直、浑圆，两端略尖，锋苗挺秀，茸毫隐露，色呈墨绿，香气浓郁高雅，滋味鲜醇，汤色绿而清澈，叶底嫩匀明亮。沸水冲泡，芽芽直立，上下沉浮，犹如翡翠，清香四溢。品饮一杯，沁人肺腑，齿颊留芳。

雨花茶分为特级一等雨花茶、特级二等雨花茶、一级雨花茶、二级雨花茶四个等级。

（八）安吉白茶

安吉白茶属绿茶类，与中国六大茶类中的白毫银针、白牡丹等传统白茶是不同的概念。白毫银针、白牡丹指由绿色多毫的嫩叶制作而成的白茶，色白是由加工而成，而安吉白茶是一种特殊的白叶茶品种，色白是由品种而来。安吉白茶既是茶树的珍稀品种，也是茶叶的名贵品名。

图 1-12 安吉白茶

安吉白茶的早春幼嫩芽呈玉白色，以一芽二叶为最白。后期随气温升高，光照增强，春茶叶色逐渐转为花白相间。气温超过29℃和夏秋时节，茶为绿色，故安吉白茶采摘时间只在春季20天左右，每年采摘时间都不一样，视气温而定，不分清明前后茶。因为安吉白茶有个白化的过程，气温在一定值时，白化最好，氨基酸含量最高，这时采摘的安吉白茶品质最好。安吉白茶一年采一次，其他茶类是根据季节

学习笔记

采摘，可采摘多次。安吉白茶产量低，亩产一般在 20 斤左右。

精品安吉白茶的外形看上去条直显芽、芽壮匀整、嫩绿鲜活、透着金黄，冲泡后叶是白的，脉是绿的，叶白脉绿是识别安吉白茶的标志。安吉白茶经生化测定，氨基酸含量高达 10.6%，为普通绿茶的 2 倍以上，茶多酚含量则在 10%~14%。安吉白茶的口感非常好，不苦不涩，清香扑鼻。

（九）庐山云雾茶

庐山云雾茶产于江西省庐山。这里北临长江，南映鄱阳湖，滨江襟湖，青山巍然，名胜古迹遍布山中，风景非常优美。庐山茶的历史悠久，远在汉朝，这里已有茶树种植。唐朝时，庐山茶已很著名，至今至少已有 1300 余年历史了。20 世纪 50 年代以来，庐山云雾茶种植规模得到了迅速发展，古老的茶山日新月异，现有茶园 5000 余亩。随着历史的前进和发展，庐山云雾茶制作方法不断改进。鲜叶原料以一芽一叶初展为标准，长度为 3 厘米左右。加工工艺分为杀青、抖散、揉捻、炒二青、理条、搓条、拣剔、提毫、烘干九道工序。

图 1-13　庐山云雾茶

庐山云雾茶的外形条索紧结重实，饱满秀丽；色泽碧嫩光滑，芽隐绿；香气芬芳、高长、鲜锐；汤色绿而透明；滋味爽快，浓醇鲜甘；叶底嫩绿微黄，鲜明，柔软舒展。

（十）竹叶青

竹叶青茶产于四川省峨眉山，属炒青绿茶，因陈毅 1964 年游峨眉山时于万年寺品茶，赞美茶形美似竹叶，汤色清莹碧绿，遂得名“竹叶青”。峨眉山以山峰相对如峨眉而得名，有大峨、二峨、三峨之分，一般所说的峨眉山是指大峨眉。这里气候垂直分布明显，故有“植物王国”之称，珍贵动物也很多，加之峰峦挺秀，山势雄伟，享有“峨眉秀天下”之美誉。

图 1-14　竹叶青

竹叶青茶采用的鲜叶十分细嫩，加工工艺十分精细。一般在清明前 3~5 天开采，标准为一芽一叶或一芽二叶初展，鲜叶嫩匀，大小一致。

学习笔记

竹叶青茶的外形扁平，两头尖细，形似竹叶；内质香气高鲜；汤色清明，滋味浓醇；叶底均匀。

（十一）日照绿茶

日照绿茶具有汤色黄绿明亮、栗香浓郁、回味甘醇、香气高、耐冲泡等独特优良品质，被誉为“中国绿茶新贵”。

日照地处北方，昼夜温差极大，因而茶叶生长缓慢。

图 1–15 日照绿茶

春茶，被称为日照绿茶中的极品，特别是开春采摘的第一批更是极品中的极品，因为经过漫长冬季的洗礼，茶树叶芽生长得特别缓慢，第一批的产量更是极为稀少。整个春天会有好几批采摘，其价格和品质是按采摘的时间来区分，越早的品质越好，价格也贵些。第一批春茶上市的时间多为谷雨前后，春茶的特征为茶叶嫩小叶厚、耐冲泡，冲泡出来香气高、滋味浓、口感清醇、鲜活清香，有浓郁的板栗香、豌豆鲜味。

日照绿茶的制作工艺十分复杂，包括采茶、摊凉、杀青、揉捻、搓团提毫、烘干等工序。

学习笔记

任务2 绿茶沏泡服务与品饮技巧

一、绿茶茶具的准备

“工欲善其事，必先利其器”，要想泡出一杯好茶来，器皿是非常重要的。好水、名茶、精美的茶具能够营造出品茶者认为最佳的品茶意境。以精美的茶具来衬托好水、佳茗的风韵，是一种生活艺术的享受。下面主要的茶具有茶仓、水方（水盂）、玻璃杯、玻璃壶、茶荷、随手泡等。

扫码学绿茶沏泡

图 1-16　茶仓

图 1-17　水方

图 1-18　玻璃杯

图 1-19　玻璃壶

图 1-20　茶荷

图 1-21　随手泡

图 1-22　茶道组合

图 1-23　茶巾

学习笔记

二、绿茶的冲泡方法

(一)绿茶玻璃杯泡法

绿茶玻璃杯泡法

操作步骤	操作示范	注意事项
1. 备具		准备无刻花透明玻璃杯(根据品茶人数而定)、茶仓、随手泡(煮水器)、茶荷、茶匙、茶巾、水方。
2. 赏茶	 	用茶匙从茶仓中轻轻拨取适量茶叶入茶荷,供客人欣赏干茶外形及嗅闻香气。根据需要,可用简短的语言介绍一下即将冲泡的茶叶品质特征和文化背景,以引发品茶者的兴趣。
3. 洁具	  	将玻璃杯一字摆开,或呈弧形排放,依次倾入1/3杯的开水,然后从左侧开始,右手捏住杯身,左手托杯底,轻轻旋转杯身,将杯中的开水依次倒入水方。当面清洁茶具既是对客人的礼貌,又可以让玻璃杯预热,避免正式冲泡时水温下降。
4. 置茶		用茶匙将茶荷中的茶叶一一拨入茶杯中待泡。每50毫升容量用茶1克。
5. 温润泡		将随手泡中适度的开水倾入杯中,水温80℃左右,注水量为茶杯容量的三成满,注意水柱不要直接浇在茶叶上,应打在玻璃杯的内壁上,以避免烫坏茶叶。其目的主要是浸润干茶。

学习笔记

续表

操作步骤	操作示范	注意事项
6. 冲泡		提壶以高冲注水，使茶杯中的茶叶上下翻滚，有助于茶叶内含物质浸出，茶汤浓度达到上下一致。一般冲水入杯至七成满。
7. 奉茶		右手轻握杯身（注意不要捏杯口），左手托杯底，双手将茶送到客人面前，放在方便客人提取品饮的位置。茶放好后，向客人伸出右手，做出“请”的手势，或说“请品茶”。

（二）绿茶盖碗泡法

学习笔记

绿茶盖碗泡法

操作步骤	操作示范	注意事项
1. 备具		准备盖碗（根据品茗人数定）、茶仓、随手泡、茶荷、茶匙、茶巾、水方。
2. 赏茶		用茶匙拨取适量干茶于茶荷中，供品茗者欣赏茶叶的外形、色泽及嗅闻香气。
3. 洁具		掀开碗盖，右手拇指、中指捏住盖钮两侧，食指抵住钮面，将盖掀开，斜搁于碗托右侧，依次向碗中注入开水，三成满即可，双手持碗身，轻轻旋转茶碗三圈，将盖碗内的水倒出，放回碗托上。洁具的同时可以达到温热茶具的目的，以减少冲泡时茶汤的温度变化。

续表

操作步骤	操作示范	注意事项
4. 置茶		左手持茶荷，右手拿茶匙，将干茶依次拨入茶碗中待泡。通常 1 克细嫩绿茶，入开水 50~60 毫升，一只普通盖碗放上 5 克左右的干茶即可。
5. 冲水		用水温在 80℃左右的开水高冲入碗，水柱不要直接落在茶叶上，应落在碗的内壁上，冲水量以七八成满为宜，冲入水后，迅速将碗盖稍加倾斜地盖在茶碗上，使盖沿与碗沿之间有一空隙，避免将碗中的茶叶焖黄泡熟。
6. 奉茶		将茶礼貌地奉给贵宾。

（三）绿茶玻璃壶泡法

"嫩茶杯泡，老茶壶泡"。对于中、低档的绿茶，无论是外形、内质，还是色、香、味都略逊一筹。若用玻璃杯或白瓷杯冲泡，缺点尽现，有些不雅观，所以可以选择使用瓷壶或玻璃壶冲泡法进行泡茶。

绿茶玻璃壶泡法

操作步骤	操作示范	注意事项
1. 备具		准备茶壶、茶杯、茶仓、茶匙、随手泡、茶巾、水方。
2. 洁具	 	将开水冲入茶壶，摇晃茶壶数下，依次将茶壶内的水注入茶杯中，再将茶杯中的水旋转倒入水方，洁净茶具的同时温热器具。

学习笔记

续表

操作步骤	操作示范	注意事项
3. 置茶		用茶匙将茶荷中的绿茶拨入壶内，茶叶用量按壶大小而定，一般以每克茶冲 50~60 毫升水的比例，将茶叶投入茶壶待泡。由于茶叶不具备欣赏价值，赏茶的步骤可以省略。
4. 冲泡		将 85 ℃ ~90 ℃ 的开水先以顺时针方向旋转高冲入壶，待水没过茶叶后，改为直流冲水，最后用水将壶注满。
5. 分水	 	茶叶在壶中浸泡 3 分钟左右将茶壶中的茶汤斟入茶杯。应采用循环倾注法，一般以茶汤入杯七成满为标准。
6. 奉茶		应用双手捧杯奉茶，并伸手示意“请用茶”。

学习笔记

三、绿茶（西湖龙井）的沏泡步骤及方法

第一步：问好。

大家好，今天由我为您做茶。

第二步：介绍茶具。

主要使用的有茶道组合、茶仓、水方、玻璃杯、茶荷、随手泡。

第三步：温杯。

温杯的目的在于提高杯子的温度，在稍后放入茶叶冲泡热水时，不致冷热悬殊。用玻璃杯沏泡绿茶有三种方法，分别是上投法、中投法和下投法。上投法是先投水后投茶；中投法是先投水再投茶再投水；下投法是先投茶再投水。今天我们采用的是下投法。

第四步：盛茶。

将茶叶拨置茶荷中。

第五步：赏茶。

今天为大家沏泡的是西湖龙井。请赏茶。

第六步：置茶。

置茶时要均匀、适量。

第七步：冲水。

冲水至杯的七分满。

西湖龙井产于浙江省杭州市西湖山区，它的采摘技术相当讲究，有一早、二嫩、三勤的特点。清明前采摘的龙井品质最佳，称明前茶。谷雨前采制的品质尚好，称雨前茶。通常制造 1 千克特级龙井，需要采摘 7 万 ~8 万个细嫩芽叶。龙井茶色绿光润、形似碗钉、匀直扁平、香高隽永、味爽鲜醇、汤澄碧绿、芽叶柔嫩，有“色绿、香郁、味醇、形美”之美誉。

第八步：奉茶。

第九步：结束。

做茶完毕，谢谢大家。

学习笔记

四、绿茶的品饮技巧

品饮名优绿茶，冲泡前，可先欣赏干茶的色、香、形。名优绿茶的造型因品种而异，或条状，或扁平，或螺旋形，或若针状等；其色泽，或碧绿，或深绿，或黄绿，或白里透绿等；其香气，或奶油香，或板栗香，或清香等。冲泡时，倘若采用透明玻璃杯，则可观察茶在水中的缓慢舒展、游弋沉浮。这种富于变幻的动态，茶人称其为“茶舞”。冲泡后，则可端杯（碗）闻香，此时，汤面冉冉上升的雾气中夹杂着缕缕茶香，犹如云蒸霞蔚，使人心旷神怡。接着是观察茶汤颜色，或黄绿碧清，或淡绿微黄，或乳白微绿，隔杯对着阳光透视茶汤，还可见到有微细茸毫在水中游弋，闪闪发光，此乃细嫩名优绿茶的一大特色。然后，端杯小口品饮，尝茶汤滋味，缓慢吞咽，让茶汤与舌头味蕾充分接触，则可领略到名优绿茶的风味；若舌和鼻并用，还可从茶汤中品出嫩茶香气，有沁人肺腑之感。品尝头泡茶，重在品尝名优绿茶的鲜味和茶香。品尝二泡茶，重在品尝名优绿茶的回味和甘醇。至于三泡茶，一般茶叶已淡，也无更多要求，能尝到茶味就算可以了。

拓展阅读

1. 茶树

茶树起源于中国，茶叶的发现、种植、利用，在中国经过了几千年的发展，逐渐传播到世界各地，茶的知识、文化也作为中国特有的文化而风靡全球，茶叶从一种民间饮品变成一种产业，一种商品，一种文化。而茶叶贸易不仅吸引了世界的商人，更是打开了中国的大门，成为中国与世界交流的铺路石。

（1）茶树的外形

茶树的地上部分，在无人为控制情况下，因分枝性状的差异，植株分为乔木型、灌木型和半乔木型三种。

①乔木型茶树

乔木型茶树有明显的主干，分枝部位高，树高多在0.8~1.2米间，在热带地区也有乔木型茶树高达15~30米，基部树围1.5米以上，树龄达数百年至上千年。

②灌木型茶树

灌木型茶树没有明显主干，分枝较密，多近地面处，树冠矮小，通常为1米以下。

图1–24　乔木型茶树

图1–25　灌木型茶树

③半乔木型茶树

半乔木型茶树在树高和分枝上都介于灌木型茶树与乔木型茶树之间，通常为1.5米左右。

目前，人工栽培的茶园为了茶叶的优质和高产，已将科学地培养植株和树冠作为栽培管理上的重要环节。通过运用修剪和采摘技术，培养健壮均匀的骨干，扩大分枝的密度和树冠的幅度，增加采摘面，控制茶树适中的高度等，可以有效地提高产量和质量，方便采摘和管理。

学习笔记

图 1-26 半乔木型茶树

图 1-27 茶树的叶片

（2）茶树的组成

茶树主要由根、茎、叶、花、果实与种子组成。茶树的叶片是制作饮料茶叶的原料，也是茶树进行呼吸、蒸腾和光合作用的主要器官。

茶树叶片的大小、色泽、厚度和形态，因品种、季节、树龄、农业技术措施等的不同而有显著差异。叶片形状有椭圆形、卵形、长椭圆形、倒卵形、圆形等，椭圆形和卵形最多。成熟叶片的边缘上有锯齿，一般为 16~32 对，叶片的叶尖有急尖、渐尖、钝尖和圆尖之分，叶片的大小长的可达 20 厘米，短的 5 厘米，宽的可达 8 厘米，窄的仅 2 厘米。

茶树叶片上的茸毛，即一般常指的"毫"，是它的主要特征。茶树的嫩叶背面着生的茸毛，是鲜叶细嫩、品质优良的标志，茸毛越多，表示叶片越嫩。一般从嫩芽、幼叶到嫩叶，茸毛逐渐减少，到第四叶叶片的成熟叶，茸毛便已不见了。

（3）茶树的生长环境

茶树在生长过程中不断地和周围环境进行物质和能量的交换，既受环境制约，又影响周围环境。因此，合理地选择自然环境和适当的人工调整，是保证茶树质量和维护周围环境的关键。

①气候

茶树性喜温暖、湿润，在南纬 45° 与北纬 38° 间都可以种

图 1-28 茶树的生长环境

学习笔记

植，最适宜的生长温度在18~25℃，不同品种对于温度的适应性有所差别。一般来讲，小叶种的茶树，抗寒性与抗旱性均比大叶种强。

茶树生长的环境需要年降水量在1500毫米左右，且分布均匀，朝晚有雾。相对湿度保持在85%左右的地区较有利于茶芽发育及茶青品质。若长期干旱或湿度过高均不适于茶树经济栽培。

②日照

茶作为叶用作物，极需要日光。日照时间长、光度强时，茶树生长迅速，发育健全，不易罹患病虫害，且叶中多酚类化合物含量增加，适于制造红茶。反之，茶叶受日光照射少，则茶质薄，不易硬化，叶色富有光泽，叶绿质细，多酚类化合物少，适制绿茶。日光带中的紫外线对于提高茶汤的水色及香气有一定影响。高山所受辐射的紫外线较平地多，且气温低，霜日多，生长期短，所以高山茶树矮小，叶片亦小，茸毛发达，叶片中含氮化合物和芳香物质增加，故高山茶香气优于平地茶。

学习笔记

③土壤

茶树适宜在土质疏松、土层深厚、排水和透气良好的微酸性土壤中生长。茶树虽在不同种类的土壤中都可生长，但以土壤酸碱度（pH值）在4.5~5.5为最佳。

茶树要求土层深厚，最好有一米以上，其根系才能发育和发展。有黏土层、硬盘层或地下水位高的土壤，都不适宜种茶。石砾含量不要超过10%，且含有丰富的有机质的土壤是较理想的茶园土壤。

2. 茶叶的采摘

茶叶产量的高低，品质的优劣，一定程度上是由采摘决定的。所以，合理、科学的采摘是茶叶生产的重要环节。

采摘分人工采摘和机械采摘两种。

（1）人工采摘

这是传统的茶树采摘方法。采茶时，要实行提手采、分朵采，切忌一把捋。这种采摘方法的最大优点是标准划一，容易掌握，选择性较大，叶片也较完整；缺点是费工，成本高，难以做到及时采摘。但目前细嫩名优茶的采摘，由于采摘标准要求高，还不能实行机械采茶，仍用手工采茶。

（2）机械采摘

这种方式采摘的茶叶成本较低，但是对茶叶无选择性。机械采茶目前多采用双人抬往返切割式采茶机采茶。如果操作熟练，

图 1-29 人工采摘

图 1-30 机械采摘

肥水管理跟上，机械采茶对茶树生长发育和茶叶产量、质量并无影响，而且还能减少采茶劳动力，降低生产成本，提高经济效益。因此，近年来，机械采茶越来越受到茶农的青睐，机采茶园的面积一年比一年大。

3. 绿茶的小典故

（1）龙井茶与虎跑泉的传说

传说乾隆皇帝下江南时，来到杭州龙井狮峰山下，看乡女采茶以体察民情。一天，乾隆看见几个乡女正在十多棵墨绿墨绿的茶树前采茶，心中一乐，也学着采了起来。刚采了一把，忽然太监来报："太后身体不适，请皇上急速回京。"乾隆皇帝听说太后娘娘有病，随手将一把茶叶向袋内一放，日夜兼程赶回京城。其实太后只因山珍海味吃多了，一时肝火上升，双眼红肿，胃里不适，并没有大病。此时见皇儿来到，只觉一股清香传来，便问带来什么好东西。皇帝也觉得奇怪，哪来的清香呢？他随手一摸，啊，原来是杭州狮峰山的一把茶叶，几天过后已经干了，浓郁的香气就是它散出来的。太后便想尝尝茶叶的味道，宫女将茶泡好送到太后面前，果然清香扑鼻，太后喝了一口，双眼顿时舒适多了，喝完了茶，红肿消了，胃不胀了。太后高兴地说："杭州龙井的茶叶，真是灵丹妙药。"乾隆见太后这么高兴，立即传令下

图 1-31 龙井村

学习笔记

去，将杭州龙井狮峰山下胡公庙前那十八棵茶树封为御茶，每年采摘新茶，专门进贡太后。至今，杭州龙井村胡公庙前还保存着这十八棵御茶，到杭州的旅游者中有不少还专程去察访一番，拍照留念。

龙井茶、虎跑泉素称“杭州双绝”。虎跑泉是怎样来的呢？传说很早以前有兄弟两人，名大虎和二虎。两人力大过人，有一年来到杭州，想住在现在虎跑的小寺院里。和尚告诉他俩：“这里吃水困难，要翻几道岭去挑水。”兄弟俩说：“只要能住，挑水的事我们包了。”于是，和尚收留了兄弟俩。有一年夏天，天旱无雨，小溪也干涸了，吃水更困难了。一天，兄弟俩想起流浪时到过南岳衡山的“童子泉”，如能将童子泉移来杭州就好了。兄弟俩决定去移童子泉，一路奔波，到衡山脚下就昏倒了。忽然，狂风大作，暴雨如注。风停雨住后，他俩醒来，只见眼前站着一位手拿柳枝的小童，这就是管“童子泉”的小仙人。小仙人听了他俩的诉说后用柳枝一指，水洒在他俩身上。霎时，兄弟俩变成两只斑斓老虎，小孩跃上虎背，老虎仰天长啸一声，带着“童子泉”直奔杭州而去。老和尚和村民们夜里做了一个梦，梦见大虎、二虎变成两只猛虎，把“童子泉”移到了杭州，天亮就有泉水了。第二天，天空霞光万道，两只老虎从天而降，猛虎在寺院旁的竹园里前爪刨地，不一会儿就刨了一个深坑，突然下起了大雨。雨停后，只见深坑里涌出一股清泉。大家明白了，这是大虎和二虎给他们带来的泉水。为了纪念大虎和二虎，他们给泉水起名叫“虎刨泉”，后来为了顺口就叫“虎跑泉”。这毕竟是一种神话传说。但是用虎跑泉泡龙井茶，色香味绝佳，却是名不虚传的事实。如今到虎跑茶室，就可品尝到这“双绝”佳饮。

（2）黄山毛峰的传说

黄山位于安徽省南部，是著名的游览胜地，而且群山之中所产名茶“黄山毛峰”的品质优异。讲起这种珍贵的茶叶，也有一段有趣的传说。

明朝天启年间，江南黟县新任县官熊开元带书童来黄山春游，迷了路，遇到一位腰挎竹篓的老和尚，便借宿于寺院中。长老泡茶敬客时，知县细看这茶叶色微黄，形似雀舌，身披白毫，开水冲泡下去，只见热气绕碗边转了一圈，转到碗中心就直线升腾，飞约有一尺高，然后在空中转一圆圈，化成一朵白莲花。那白莲花又慢慢上升化成一团云雾，最后散成一缕缕热气飘荡开来，清香满室。知县问后，方知此茶名叫黄山毛峰，临别时长老赠送此

学习笔记

茶一包和黄山泉水一葫芦，并嘱一定要用此泉水冲泡才能出现白莲奇景。熊知县回县衙后正遇同窗旧友太平知县来访，便将冲泡黄山毛峰表演了一番。太平知县甚是惊喜，后来到京城禀奏皇上，想献仙茶邀功请赏。皇帝传令进宫表演，然而不见白莲奇景出现，皇上大怒，太平知县只得据实说此乃黟县知县熊开元所献。皇帝立即传令熊开元进宫受审。熊开元进宫后方知未用黄山泉水冲泡之故，讲明缘由后请求回黄山取水。熊知县来到黄山拜见长老，长老将山泉交予他。而后在皇帝面前再次冲泡玉杯中的黄山毛峰，果然出现了白莲奇观，皇帝看得眉开眼笑，便对熊知县说道："朕念你献茶有功，升你为江南巡抚，三日后就上任去吧。"熊知县心中感慨万千，暗忖道："黄山名茶尚且品质清高，何况为人呢？"于是脱下官服玉带，来到黄山云谷寺出家做了和尚，法名正志。历史上的正志和尚和黄山毛峰被神化了，但是黄山毛峰品质之优异却是不假的。

（3）碧螺春的传说

相传很早以前，西洞庭山上住着一位名叫碧螺的姑娘，东洞庭山上住着一个名叫阿祥的小伙子。两人深深相爱着。有一年，太湖中出现一条凶恶残暴的恶龙，扬言要抢走碧螺姑娘，阿祥决心与恶龙决一死战。一天晚上，阿祥抄起鱼叉潜到西洞庭山同恶龙搏斗，直到斗了七天七夜，双方都筋疲力尽了，阿祥昏倒在血泊中。碧螺姑娘为了报答阿祥救命之恩，亲自照料阿祥。可是阿祥的伤势一天天恶化。一天，姑娘找草药来到了阿祥与恶龙搏斗的地方，忽然看到一棵小茶树长得特别好，心想：这可是阿祥与恶龙搏斗的见证，应该把它培育好。至清明前后，小茶树长出了嫩绿的芽叶，碧螺采摘了一把嫩梢，回家泡给阿祥喝。说也奇怪，阿祥喝了这茶，病居然一天天好起来了。阿祥得救了，姑娘心上沉重的石头也落了地。就在两人陶醉在爱情的幸福之中时，碧螺的身体再也支撑不住了，她倒在阿祥怀里，永远地闭上了双眼。阿祥悲痛欲绝，就把姑娘埋在洞庭山的茶树旁。从此，他努力培育茶树，采制名茶。"从来佳茗似佳人"，为了纪念碧螺姑娘，人们就把这种名贵茶叶取名为"碧螺春"。

学习笔记

评价标准

绿茶的沏泡实训评价表

姓名：　　　　　　　　　　　　　　　　分数：

项目	具体评分标准		应得分	实得分
准备茶具	1. 茶具整齐干净、沏泡用具齐全		3	
	2. 茶桌上各种物品按规定摆放整齐		3	
	3. 将适当的纯净水注入随手泡		3	
表演前向客人问好	1. 声音清脆、口齿清楚、向客人点头问好		3	
	2. 打开煮水器		3	
介绍茶具	1. 茶道组合		3	
	2. 玻璃杯		3	
	3. 水方		3	
	4. 茶仓		3	
	5. 茶巾		3	
	6. 茶荷		3	
	7. 随手泡		3	
操作步骤及解释	1. 温杯	①手拿随手泡，将开水倒至杯中1/3处	5	
		②右手拿杯将温杯的水倒入水方中	5	
		③介绍玻璃杯泡法	5	
	2. 置茶	用茶则盛茶叶拨置茶荷中	5	
	3. 赏茶	双手拿起茶荷请客人观赏，并介绍茶叶名称	5	
	4. 茶叶拨置杯中	茶叶量均匀	5	
	5. 冲水	七分满	6	
	6. 介绍茶叶	①产地	10	
		②特点	10	
	7. 奉茶	双手奉上	4	
	8. 结束	点头向客人示意	4	
操作时间	分	秒	超时扣分	

学习笔记

续表

项目	具体评分标准	应得分	实得分
老师签字			

说明：
1. 评分表共有四大项，评分时需在失误项目后填写扣分情况。
2. 采取全程计时，总成绩按操作时间和总计得分综合评定。

综合练习

根据你掌握的绿茶的泡茶技巧分别用中投法和下投法冲泡一杯安吉白茶和太平猴魁，并记录以下相关内容。

茶具的准备：

水温的要求：

冲泡时间：

冲泡方法：

香气、滋味：

自我评价：

学习笔记

第二单元

红茶沏泡服务

学习目标

本单元应该了解的知识

红茶原料的选择

红茶的主要名品

红茶的饮用方式

关于茶神陆羽

本单元应该掌握的技能

认识沏泡红茶的茶具

掌握沏泡红茶的步骤及方法

任务1 认识红茶

如果一个外国朋友对你说“black tea”，你可千万不要以为他说的是黑茶，其实他说的是红茶。之所以有称呼上的差异，是因为西方人注重干茶的颜色，而中国人注重茶汤的颜色。

一、红茶的特点

红茶是全发酵茶，特点是经冲泡后汤汁呈红色，味甘性温，具有提神益思、解除疲劳等作用。冬季，北风凛冽，寒气袭人，人体阳气易损。此时，饮用味甘性温的红茶为好，以温育人体的阳气，尤其适用于女性。红茶红叶红汤，给人以温暖的感觉。

红茶开始创制时称为“乌茶”。红茶在加工过程中发生了以茶多酚促氧化为中心的化学反应，鲜叶中的化学成分变化较大，茶多酚减少90%以上，产生了茶黄素、茶红素等新的成分。香气物质从鲜叶中的50多种增至300多种，咖啡碱、儿茶素和茶黄素络合成滋味醇美的络合物，从而形成了红茶红汤红叶和香甜味醇的品质特征。

学习笔记

二、红茶的生产制作

红茶的生产以适宜制作本品的茶树新芽叶为原料，一般要求使用茶多酚类含量丰富，蛋白质含量低的鲜叶，有利于发酵，以形成红茶红叶红汤的品质特征。

鲜叶质量的优次，直接关系制成红茶的品质。红茶有工夫红茶和红碎茶之分，但对鲜叶质量的要求一致。

生产红茶首先要有适制红茶的品种，如云南大叶种，叶质柔软肥厚，茶多酚类化合物等化学成分含量较高，制成的红茶品质特别优良。福建政和、福鼎大白茶、储叶种、海南大叶、广东英红一号以及江西宁州种等都是适制红茶的好品种。

（一）红茶鲜叶等级的评定维度

红茶的鲜叶等级是由鲜叶的嫩度、匀度、净度、鲜度四个方面决定的。

1. 鲜叶的嫩度

嫩度是评定鲜叶等级的主要指标，它决定毛茶的等级。一般细嫩的鲜叶，制成的毛茶条索紧细，锋苗好，色泽乌润，内质汤色红亮，香味浓爽醇厚，叶底红匀艳亮。粗老鲜叶制成的毛茶，色泽枯黄，内质香味平和带粗淡，叶底硬暗。制造红茶的鲜叶原料以一芽二叶、三叶为主并由同等嫩度的单片叶和对夹叶组成。

2. 鲜叶的匀度

红茶要求鲜叶老嫩均匀一致，若老嫩不匀，制成的毛茶老嫩混杂，不便于初、精加工。

3. 鲜叶的净度

鲜叶中的夹杂物影响毛茶的净度，非茶类夹杂物除影响毛茶净度外，还影响茶叶的质量安全，一些硬质的铁石夹杂物还将损坏制茶机械。

4. 鲜叶的鲜度

为保持鲜叶的新鲜度，在运输及储藏过程中不能紧压，不能造成机械损伤。存放过久或运输中踩压都会使鲜叶发生红变，或因叶温升高而劣变，严重地损害品质，甚至使其失去加工价值。鲜叶的新鲜度直接影响红茶的香气和滋味。

此外，鲜叶的色度以黄绿色为好，紫色叶虽然能制红茶，但滋味稍苦，品质较差。品质与采摘季节也有关，一般夏茶制红茶较好，这是由于夏茶茶多酚类化合物含量较高，适制红茶。因此，有的地方春季制绿茶，夏季制红茶，能充分发挥鲜叶的适制性。

（二）红茶的加工工序

红茶一般经过萎凋、揉捻、发酵、干燥四道工序加工而成。

1. 萎凋

萎凋是红茶初制的第一道工序。萎凋是指鲜叶经过一段时间失水，使硬脆的梗叶萎蔫凋谢状况的过程。经过萎凋，可适当蒸发水分，叶片更柔软，韧性增强，便于造型。此外，这一过程可使青草味消失，茶叶清香欲现，是形成红茶香气的重要加工阶段。萎凋方法有自然萎凋和萎凋槽萎凋两种。自然萎凋即将茶叶薄摊在室内或室外阳光不太强处，搁放一定的时间。萎凋槽萎凋是将鲜叶置于通气槽体中，通以热空气，以加速萎凋过程，这是目前普遍使用的萎凋方法。

2. 揉捻

红茶揉捻的目的与绿茶相同，茶叶在揉捻过程中成形并增进色香味浓度，同时，由于叶细胞被破坏，便于在酶的作用下进行必要

学习笔记

的氧化，利于发酵的顺利进行。

3. 发酵

发酵是红茶制作的特征工序，是以绿叶红变为主要特征的生化变化过程。经过发酵，叶色由绿变红，形成红茶红叶红汤的品质特点。目前普遍使用发酵机控制温度和时间进行发酵。发酵适度，嫩叶色泽红润，老叶红里泛青，青草气消失，具有熟果香。

4. 干燥

干燥是将发酵好的茶坯，采用高温烘焙，迅速蒸发水分，达到保持干度效果的过程。其目的有三：一是利用高温迅速钝化酶的活性，停止发酵；二是蒸发水分，缩小体积，固定外形，保持干度以防霉变；三是散发大部分低沸点青草气味，激化并保留高沸点芳香物质，获得红茶特有的甜香。

三、红茶的主要名品

学习笔记

因制作方法不同，红茶又有工夫茶、小种茶和红碎茶之分。

（一）工夫红茶

工夫红茶是我国传统的独特茶品。它因初制特别注重条索的完整紧结，费时费工而得名。工夫红茶的品质特点是：外形条索细紧，色泽乌润。冲泡后，汤色、叶底红亮，香气馥郁，滋味甜醇。因采制地区不同，茶树品种有异，制作技术不一，因而又有祁红、滇红、川红、宜红、闽红、越红等之分。

1. 祁红

祁红主产于安徽祁门，所以，又称祁红工夫茶，是我国传统工夫红茶中的珍品，有100多年生产历史，在国内外享有盛誉。

祁红的条索紧秀而稍弯曲，有锋苗，色泽乌黑泛灰光，俗称“宝光”。冲泡后，香气浓郁高长，有蜜糖香，蕴含兰花香，且滋味醇厚，回味隽永，汤色红艳、明亮，叶底鲜红嫩软。

图 2-1　祁红

2. 滇红

滇红产于云南风庆、临沧、双江等地，又称滇红工夫茶，属大叶种类型的工夫茶，是我国工夫红茶的新葩。它以外形肥硕紧实，金毫显露，香高味浓而独树一帜，在世界茶叶市场中享有较高声誉。

滇红的品质特点是：条索肥壮紧结，重实均整，色泽乌润带红褐，茸毫特多。毫色有淡黄、菊黄、金黄之分。产于凤庆、云县、昌宁等地的滇红，毫色多呈金黄。冲泡后，香郁味浓。香气以滇西的云县、昌宁、凤庆所产工夫茶为好，不但香气高长，而且带有花香。滋味则以滇南的工夫红茶为佳，具有滋味醇厚、刺激性较强的特点。

图 2-2 滇红

3. 川红

川红产于四川宜宾等地，又称川红工夫茶，创制于 20 世纪 50 年代，是我国高品质工夫红茶的后起之秀，以色、香、味、形俱佳畅销国际市场。

川红的条索肥壮、圆紧、显毫，色泽乌黑油润。冲泡后，香气清鲜带果香，滋味醇厚爽口，汤色浓亮，叶底红明匀整。

4. 宜红

宜红产于湖北宜昌、恩施等地。这里是我国古老的茶区之一，唐代陆羽曾将宜昌地区的茶叶列为山南茶之首。据载，宜昌红茶问世于 19 世纪中叶，至今已有 100 余年历史。

宜红的条索紧细有毫，色泽乌润。冲泡后，香气纯甜高长，滋味鲜醇，汤色、叶红亮。茶汤冷却后，有“冷后浑”现象产生，是我国高品质的工夫红茶之一。

5. 闽红

闽红系福建茶品，又称闽红工夫茶。由于茶叶产地不同，茶树品种不同，品质风格不同。闽红工夫又分白琳工夫、坦洋工夫和政和工夫。

学习笔记

图 2-3 川红

图 2-4 宜红

图 2-5 闽红

6. 越红

图 2-6　越红

越红产于与浙江绍兴毗邻的诸暨、嵊州等地，又称越红工夫茶，于 20 世纪 50 年代由绿茶改制而成。越红以条索紧结，重实匀齐，有锋苗，净度高的优美外形著称。

越红的条索紧细挺直，色泽乌润。冲泡后，香气纯正，滋味浓醇，汤色红亮，叶底稍暗。

（二）小种红茶

小种红茶产于我国福建武夷山，是我国独有的红茶种类。小种红茶是最古老的红茶种类，也是所有红茶的鼻祖，其他红茶都是从小种红茶演变而来的。由于小种红茶的茶叶在加工过程中采用松柴火加温进行萎凋和干燥，制成的茶叶具有浓烈的松烟香。小种红茶根据产地分为正山小种和外山小种（人工小种）。正山小种产于政和乡桐木关一带，是品质最优秀的小种红茶。而外山小种（人工小种）产自坦洋、北岭、屏南、古田一带，品质相对略差。

学习笔记

1. 正山小种

图 2-7　正山小种

正山小种外形条索肥壮重实，色泽乌润有光。冲泡后，香气高长带松烟香，滋味醇厚带桂圆味，汤色红浓，叶底厚实，呈古铜色。在制造小种红茶时，需经萎凋、揉捻、发酵等基本工艺流程。最后干燥用松柴烟熏烘干，因此有明显的松烟香味。

17 世纪时，正山小种红茶传入英国宫廷，并迅速流行于英国皇室，只有上层社会才能饮用，也因此享誉世界。

2. 金骏眉

图 2-8　金骏梅

金骏眉是清明前采摘于武夷山国家级自然保护区内海拔 1500~1800 米高山的原生态小种野茶的茶芽。金骏眉的采集只取芽尖部分，由熟练的采茶女工手工采摘，每天一女工只能采芽尖约 2000 粒，结合正山小种传统工艺，由师傅全程手工制作，每 500 克金骏眉需数万颗芽尖。

金骏眉外形细小而紧秀，颜色为金、黄、黑相间，细看，金黄色的为茶的茸毛、嫩芽，开汤汤色为金黄色，啜一口入喉，甘甜感顿生。其香味似果、蜜、花、薯等综合香型，滋味鲜活甘爽，喉韵悠长，沁人心脾，仿佛使人置身于原始森林之中。连泡 12 次，口感仍然饱满甘甜。叶底舒展后，芽尖鲜活，秀挺亮丽。

3. 银骏眉

图 2-9 银骏梅

银骏眉是谷雨前采摘于武夷山国家级自然保护区内海拔 1500~1800 米高山的原生态小种野茶的茶芽。制作 500 克银骏眉需数万颗标准嫩芽，一芽一叶。银骏眉在外形上条索紧细，锋苗显秀，稍显黄毫之色。银骏眉精心选取原料，以正山小种传统手工工艺进行制作，不过筛，所以条形保持完好。银骏眉汤色金黄清澈，香气独特，清高持久，是一种花香与果香混合的综合香型，滋味鲜爽甘活，喉韵悠长。

（三）红碎茶

顾名思义，红碎茶就是切碎的红茶，我们常见的茶包内的红茶就属于红碎茶。红碎茶是将鲜叶经萎凋、揉捻后，用揉切设备将其切碎成颗粒型小碎片，然后经过适度发酵、烘干而制成，制作中讲究发酵适度，及时烘干。

图 2-10 红碎茶

红碎茶通常被放置滤纸袋中制作成为“袋泡茶”，由于茶叶细碎，茶汁浸出快，浸出较完全，且浸泡完毕后可直接将茶叶连袋丢弃，非常方便，但是口感比较一般。

学习笔记

任务2 红茶沏泡服务与品饮技巧

一、红茶沏泡茶具与用具

红茶沏泡茶具与用具主要有茶道组合、茶仓、水方、壶承、瓷壶、公道杯、品茗杯、茶荷、茶垫、随手泡等，如下图所示。

扫码学红茶沏泡

图 2-11　茶道组合

图 2-12　茶仓

图 2-13　水方

图 2-14　壶承

学习笔记

图 2-15　瓷壶

图 2-16　公道杯

图 2-17　品茗杯

图 2-18　茶荷

图 2-19　茶垫

图 2-20　随手泡

二、红茶的冲泡方法

红茶的冲泡方法（祁门红茶）

操作步骤	操作示范	注意事项
1. 备具	 	准备茶艺用具，茶仓、茶垫、茶船、品茗杯、瓷壶、随手泡。
2. 摆放茶具	 	摆放茶垫、翻杯。
3. 温壶	 	温壶的目的是稍后放入茶叶冲泡热水时，不致冷热悬殊。
4. 赏茶	 	用茶则取出茶叶，请客人观赏，并注意讲解。
5. 置茶	   	将茶叶拨置壶中。
6. 冲水	 	执随手泡高冲注水，使茶壶中的茶叶上下翻滚，有助于茶叶内含物质浸出，茶汤浓度达到上下一致。

学习笔记

学习笔记

续表

操作步骤	操作示范	注意事项
7. 温杯		当面清洁茶具既是对客人的礼貌，又可以让茶杯预热，避免正式冲泡时茶汤温度降低。
8. 斟茶		茶入杯。
9. 奉茶		双手持杯托，礼貌地将茶奉给贵宾。

三、红茶（祁门红茶）的沏泡步骤及方法

第一步：问好。

大家好，今天由我为您做茶。

第二步：介绍茶具。

主要使用的有茶道组合、茶仓、水方、壶承、瓷壶、公道杯、品茗杯、茶荷、茶垫、随手泡。

第三步：摆放茶垫、翻杯。

第四步：温壶。

温壶的目的是稍后放入茶叶冲泡热水时，不致冷热悬殊。

第五步：温杯。

第六步：赏茶。

今天为大家冲泡的是祁门红茶。

第七步：置茶。

将茶叶拨置壶中。

第八步：冲水。

第九步：介绍茶的特点。

祁门红茶产于安徽省祁门县。当地海拔 600 米，土地肥沃，常有云雾缭绕，日照时间短，构成茶树生长的天然佳境，酿成“祁红”特殊的芳香厚味。祁门红茶采摘标准较为严格，以春夏茶为主，出口量最高。其特点是香高、汤红而味厚，带有玫瑰花的甜香，滋味鲜爽。

第十步：斟茶。

分茶入杯。

第十一步：奉茶。

第十二步：结束。

做茶完毕，谢谢大家。

学习笔记

拓展阅读

1.“茶神”陆羽

陆羽是唐代复州竟陵人（今湖北省天门市），生于唐玄宗开元二十一年（733 年），卒于唐德宗贞元二十年（804 年）。陆羽又名疾，字季疵，又字鸿渐，号东冈子，又号竟陵子，自称桑苎翁，人称陆生、陆处士、陆居士、陆三、陆三山人、陆鸿渐山人、

茶山御史、东园先生、陆文学、陆太祝、茶颠、茶仙、茶神等。

陆羽被奉为“茶神”。他对茶的贡献是：开创了茶文化的辉煌历史，茶因此被提升到较高的文化层次，为茶学发展奠定了基础。他所撰的《茶经》是世界上第一本系统的茶学专著。

图 2-21 陆羽

2. 陆羽《茶经》

唐德宗建中元年（780 年），陆羽《茶经》出版，“茶”这个字正式被创造出来。在此之前，人们以“荼”代称。许慎《说文解字》中只有“荼”字，无此“茶”字。荼，古茶也。《康熙字典》“荼”字下面解释为“荼亦积草，非苦菜也”。《诗经》上所说的“谁谓荼苦，其甘如荠”中的“荼”是指一种苦菜。而西汉时王褒所写的《僮约》中，所谓的“武阳卖荼，杨氏担荷”，这个“荼”才是指现在供饮用的茶叶。所以，茶最早的名称是以“荼”字来借用。后来为了书写方便，今天的“茶”字被大量使用。“茶”这个字，最早出现的记录是唐朝时苏恭所著《本草》。陆羽所著的《茶经》上有这样的记载：“其字从草，或从木，或草木并。”“荼”“茶”的演变是逐渐的，直到唐朝的陆羽《茶经》才把“茶”专用于供饮用的茶而有别于苦菜的荼。

陆羽幼年时随着戏团到处演出，走访各地，受到当时饮茶风气的熏染，培养出对茶的爱好，从而积极从事茶事资料的收集和研究，并亲自考察荆州、峡州的茶叶产地，历经数年的努力，写成世界上第一部茶学专著《茶经》初稿。

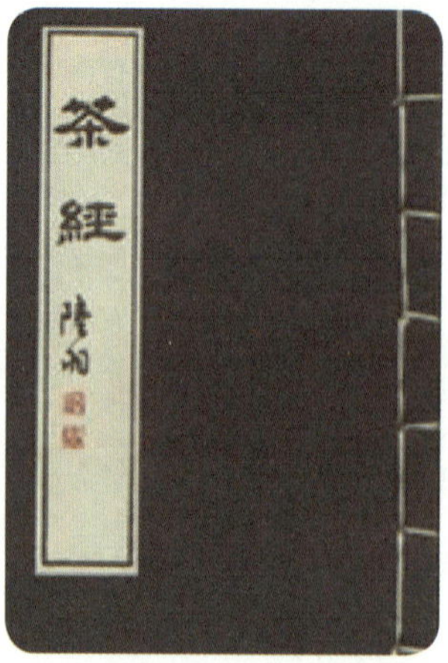

图 2-22 《茶经》

随后，陆羽周游各茶叶产地，把茶树品种、生产、气温和土壤的关系，以及种植、采制、茶器、茶具等知识做了翔实的调查研究，经过实践不断完善，以《茶经》初稿为基础，在唐德宗建中元年（780 年）完成了三卷十章的《茶经》，并正式付梓出版。

《茶经》全书分上、中、下三卷，共 7000 余字。

全书谈到了茶树的形态、特征、茶名备考，茶树的生长环境和栽培方法，采茶

学习笔记

和制茶的工具，茶叶的制造技术，煮茶、饮茶的器具，烹茶用水的品第，茶叶的种类、品质和饮茶习俗，更谈到茶史的资料等。《茶经》总结了当代的茶叶生产经验、茶叶史料，认真记述了作者亲身调查和实践的结果，几乎把与茶有关的各种资料都记述了，可称得上是一部“茶学百科全书”。

这本《茶经》虽然成书于8世纪，距今已有1200多年，时空关系改变了，科技进步了，但是，在某些层面上对今天的茶技、茶业、茶艺、茶道的发展仍可提供极有价值的参考和借鉴，主要表现在以下几个方面。

(1)《茶经》是世界上第一部系统地叙述、介绍茶的专著书籍。

(2)《茶经》的出版，开创了为茶叶著书的先例，为后世茶书的编写定出了大体的范围。

(3)《茶经》涵盖范围广阔，凡与茶有关的各种内容都有叙述，也可以说是中国茶书的总目。

(4)《茶经》的问世使“天下茶道大行”，对于茶文化的建立和发展有不可磨灭的贡献。

(5)《茶经》的成书，对于茶道的弘扬和传播具有决定性的影响，日本、韩国等国也视陆羽《茶经》为茶道文化的主要经典。

(6)《茶经》已被译成日、韩、英、法等多国文字，在中国饮茶文化的提升和传播上，发挥了重要作用。

3. 中国茶在英国的传播

(1) 英式下午茶的形成和发展

英国人有喝下午茶的风俗。每天下午4点左右，无论多忙，英国人都要放下手头的工作，坐到茶室中小憩一会儿，一边喝茶，一边吃些三明治之类的点心，或谈话聊天，或交换信息。下午茶有固定时间，并不意味着英国人喝茶的时间仅限于下午。很多英国人习惯早晨起床空腹喝一杯 Early Morning Tea 以提神醒脑，早餐时再喝加奶的红茶，上午11点左右，还要以红茶佐茶点，叫作 Elevens，而中午1时左右的午餐中，奶茶也是必不可少的，再加上下午茶以及晚饭后的饮茶，这些都已成为英国人的日常习俗。就连旅馆的旅客和医院的病人，早晨醒来时也都能获得一杯茶。管道工或其他修理工上门干活，到了喝茶时间，主人也要请喝茶，否则他们会放下手里的工作，到附近的茶艺馆喝茶。英国的大小企业都为员工准备了电茶壶、茶杯、茶叶和牛奶，还设有饮茶室。没有饮茶室的也大多雇有专门的烧茶工，专门烧水泡茶，再用小

学习笔记

推车将茶水送到每一位员工手中。

20 世纪初，丘吉尔担任自由党商务大臣时，曾把准许职工享有工间饮茶的权利作为社会改革的内容之一。这个传统沿袭至今，各行各业的人每天都享有法定的 15 分钟饮茶时间。

自 1864 年第一家茶艺馆在英国出现后，茶艺馆在英国逐渐流行开来，到现在遍及英国的都市、乡村。茶艺馆的由来始于一家面包公司的女主管，她说服老板让她开一家茶艺馆，提供茶和点心。茶艺馆刚出现，即成为单身女子唯一能公开会晤朋友而不损及名誉的场所。在此之前可以饮茶的咖啡馆专供男子进出，单身女子不得入内，因此茶艺馆的出现使饮茶得以在民间女子中普及。

（2）英式下午茶的美丽茶具

图 2-23　英式下午茶茶具

图 2-24　英式下午茶品饮方式

（3）英式下午茶的饮茶方法

在英国，人们爱喝掺有牛奶的茶和什锦茶。什锦茶是将几种不同的茶叶混合冲泡，喜欢的还可加入橘子、玫瑰等作为辅料。英国人认为，这样混合饮用能减少易伤胃的茶碱，更能发挥茶的保健作用。英国人泡茶用的茶具一般为瓷制，富裕家庭也用银制茶壶泡茶。英国家庭习惯一家人坐在饭桌旁一起喝茶。到英国人家中做客，如果不是饮茶时间，主人不会用茶招待。初次来访的客人，主人也不会待之以茶。在英国人家喝茶，一般由女主人倒茶，如果客人喝完还想再喝，千万不能自己倒茶，而应请女主人倒茶，否则会被认为没有教养。随着现代工业文明的发展，人们生活节奏的加快，袋泡茶、茶饮料等方便、快捷的茶饮逐渐成为英国人生活中的新内容。

4. 世界知名红茶

（1）大吉岭红茶

大吉岭红茶出产于印度西孟加拉邦北部喜马拉雅山麓的大吉岭

学习笔记

高原。当地年均温15℃左右，白天日照充足，但日夜温差大，谷地里常年弥漫云雾，是能孕育此茶独特芳香的一大因素。

图2-25 大吉岭红茶

大吉岭红茶以5~6月的二号茶品质最优，被誉为“红茶中的香槟”。大吉岭红茶拥有高昂的身价。3月、4月的一号茶多为青绿色。二号茶为金黄，其汤色橙黄，气味芬芳高雅，上品带有葡萄香，口感细致柔和。大吉岭红茶最适合清饮，但因为茶叶较大，需闷稍久（约5分钟）使茶叶尽舒，才能得其味。下午茶时刻及进食口味重的大餐后，最宜饮此茶。

来自印度原产地的大吉岭红茶，是世界三大高香茶之一。它与印度阿萨姆红茶、中国祁门红茶有相同的美誉度，汤色红润明亮。优质的大吉岭红茶在白瓷杯或玻璃杯中会显露金色的黄晕，那是上等好茶的标志。

（2）阿萨姆红茶

图2-26 阿萨姆红茶

阿萨姆红茶又名印度红茶。阿萨姆红茶产于印度东北阿萨姆省喜马拉雅山麓的阿萨姆溪谷一带。当地日照强烈，需另种树为茶树适度遮蔽。由于雨量丰富，促进热带性的阿萨姆大叶种茶树蓬勃发育。此茶以6~7月采摘的品质最优，但10~11月产的秋茶较香。

这种盛产在海平面附近的阿萨姆茶以浓稠、浓烈、含麦芽香、清透鲜亮而出名。在历史上，阿萨姆是继中国以后第二个商业茶叶生产地区。

阿萨姆红茶外形细扁，色呈深褐，汤色深红稍褐，带有淡淡的麦芽香、玫瑰香，滋味浓，属烈茶，是冬季饮茶的最佳选择。

（3）锡兰高地红茶

锡兰高地红茶出产于斯里兰卡，与安徽祁门红茶、阿萨姆红茶、大吉岭红茶并称世界“四大红茶”。

此地常年云雾弥漫，因冬季（11月至次年2月）吹送的东北季风带来雨量不利茶园生产，以7~9月所获的品质最优。产于山岳地带的迪不拉茶和努瓦纳艾利茶，则因为受到夏季（5~8月）西南季风送雨的影响，以1~3月收获的最佳。锡兰的高地茶通常制为碎形茶，呈赤褐色。其中的乌瓦茶汤色橙红明亮，上品的

学习笔记

图 2-27　锡兰高地红茶

汤面环有金黄色的光圈，犹如加冕一般，其风味具刺激性，透出如薄荷、铃兰的芳香，滋味醇厚，虽较苦涩，但回味甘甜。汀迪不茶的汤色鲜红，滋味爽口柔和，带花香，涩味较少。努瓦纳艾利茶无论色、香、味都较前二者淡，汤色橙黄，香味芬芳，口感稍近绿茶。

斯里兰卡每年生产约 25 万吨茶叶，茶的种植基地仅限于岛国的中央高地和南部低地，茶叶按生长的海拔高度不同分为三类，即高地茶、中段茶和低地茶。锡兰红茶的 6 个产区包括乌瓦（UVA）、乌达普沙拉瓦（Uda Pussellawa）、努瓦纳艾利（Nuwara Eliya）、卢哈纳（Ruhuna）、坎迪（Kandy）、迪不拉（Dimbula），各产地因海拔高度、气温、湿度的不同，均有不同特色。茶叶因产地茶区不同，调制方法不同，口味也不同。

其实人们一般所熟知的“锡兰红茶”只是一个统称，泛指锡兰地区所产的红茶，只有 100% 斯里兰卡生产的茶叶才能称为锡兰红茶，目前市场上许多红茶也宣称为锡兰红茶，实际上拼配了印度、肯尼亚等产区的红茶。为了规范锡兰红茶的出口，斯里兰卡政府茶叶出口主管机构统一颁发了“锡兰茶质量标志”——持剑狮王标志，该长方形标志上部为一右前爪持刀的雄狮，下部则是上下两排英文，上排为 Ceylon Tea 字样，即“锡兰茶”，下排为 Symbol of Quality 字样，即“质量标志”之意，标注此标志的锡兰红茶才是经过斯里兰卡政府认可的纯正锡兰红茶，是品质象征和原产地保证。

学习笔记

评价标准

红茶的沏泡实训评价表

姓名：　　　　　　　　　　　　　　分数：

<table>
<tr><th>项目</th><th colspan="2">具体评分标准</th><th>应得分</th><th>实得分</th></tr>
<tr><td rowspan="4">准备工作</td><td colspan="2">1. 茶具整齐干净、沏泡用具齐全</td><td>5</td><td></td></tr>
<tr><td colspan="2">2. 茶桌上各种物品齐全、数量合理、摆放整齐</td><td>5</td><td></td></tr>
<tr><td colspan="2">3. 随手泡干净、光亮、工作正常</td><td>4</td><td></td></tr>
<tr><td colspan="2">4. 茶艺师着装整洁，坐姿端正，面带微笑</td><td>4</td><td></td></tr>
<tr><td rowspan="2">表演前向客人问好</td><td colspan="2">1. 声音清脆、口齿清楚、向客人点头问好</td><td>3</td><td></td></tr>
<tr><td colspan="2">2. 打开煮水器</td><td>3</td><td></td></tr>
<tr><td rowspan="8">介绍茶具</td><td colspan="2">1. 茶道组合</td><td>3</td><td></td></tr>
<tr><td colspan="2">2. 瓷壶</td><td>3</td><td></td></tr>
<tr><td colspan="2">3. 品茗杯、杯托</td><td>3</td><td></td></tr>
<tr><td colspan="2">4. 水方</td><td>3</td><td></td></tr>
<tr><td colspan="2">5. 茶仓</td><td>3</td><td></td></tr>
<tr><td colspan="2">6. 茶荷</td><td>3</td><td></td></tr>
<tr><td colspan="2">7. 壶承</td><td>3</td><td></td></tr>
<tr><td colspan="2">8. 随手泡</td><td>3</td><td></td></tr>
<tr><td rowspan="13">操作步骤及解释</td><td rowspan="2">1. 温壶</td><td>①左手拿随手泡，将开水倒至壶中 2/3 处</td><td>3</td><td></td></tr>
<tr><td>②右手拿壶将温壶的水倒入水杯中</td><td>3</td><td></td></tr>
<tr><td>2. 赏茶</td><td>用茶荷盛茶叶，请客人观赏，并介绍茶叶名称</td><td>4</td><td></td></tr>
<tr><td>3. 置茶</td><td>茶叶置于壶中</td><td>4</td><td></td></tr>
<tr><td>4. 冲水</td><td>瓷壶冲水</td><td>4</td><td></td></tr>
<tr><td>5. 温杯</td><td>右手拿杯将温杯的水倒入茶船中</td><td>4</td><td></td></tr>
<tr><td rowspan="2">6. 介绍茶叶</td><td>①产地</td><td>7</td><td></td></tr>
<tr><td>②特点</td><td>7</td><td></td></tr>
<tr><td rowspan="2">7. 斟茶</td><td>①右手拿壶将茶汤斟入杯中</td><td>4</td><td></td></tr>
<tr><td>②七分满</td><td>4</td><td></td></tr>
<tr><td>8. 奉茶</td><td>双手奉上</td><td>4</td><td></td></tr>
<tr><td>9. 结束</td><td>做茶完毕点头向客人示意</td><td>4</td><td></td></tr>
</table>

学习笔记

续表

项目	具体评分标准	应得分	实得分
操作时间	分　　　　　　秒	超时扣分	
老师签字			

说明：
1. 评分表共有四大项，评分时需在失误项目后填写扣分情况。
2. 采取全程计时，总成绩按操作时间和总计得分综合评定。

综合练习

根据你掌握的红茶的冲泡技巧用玻璃壶冲泡一壶滇红，并记录以下相关内容。

茶具的准备：

水温的要求：

冲泡时间：

冲泡方法：

香气、滋味：

自我评价：

学习笔记

第三单元

乌龙茶沏泡服务

学习目标

本单元应该了解的知识

乌龙茶的特点

乌龙茶名品及产茶区

乌龙茶的生产制作过程

茶叶发展史

茶叶的选购与保存

本单元应该掌握的技能

认识沏泡乌龙茶的茶具

掌握沏泡乌龙茶的步骤及方法

掌握乌龙茶的品饮方式

任务1 认识乌龙茶

乌龙茶是内容丰富、多姿多彩的一类茶，它既有绿茶的清香又有红茶的醇厚，具有很好的分解脂肪的功效，还能增加肠胃蠕动，帮助消化，是深受年轻人喜爱的一种茶。

一、乌龙茶的特点

乌龙茶，亦称青茶、半发酵茶，是中国六大茶类中独具鲜明特色的一种茶叶品类。乌龙茶是经过采摘、萎凋、摇青、杀青、揉捻、干燥等工序后制出的品质优异的茶类。品尝后齿颊留香，回味甘鲜。乌龙茶由宋代贡茶龙团、凤饼演变而来，创制于1725年（清雍正三年）前后。

学习笔记

据福建《安溪县志》记载："安溪人于清雍正三年首先发明乌龙茶做法，以后传入闽北和台湾。"另据史料考证，1862年福州即设有经营乌龙茶的茶栈，1866年台湾乌龙茶开始外销。

乌龙茶为中国特有的茶类，主要产于福建、广东和台湾。近年来四川、湖南等省也有少量生产。现在乌龙茶除了销往广东、福建及港澳地区，主要出口日本和东南亚。

乌龙茶的产生，还有些传奇的色彩。据《福建之茶》《福建茶叶民间传说》记载，清朝雍正年间，在福建省安溪县西坪乡南岩村里有一个茶农，也是打猎能手，姓苏名龙，因他长得黝黑健壮，乡亲们都叫他"乌龙"。一年春天，乌龙腰挂茶篓，身背猎枪上山采茶，采到中午，一头山獐突然从身边溜过，乌龙举枪射击，负伤的山獐拼命逃向山林中，乌龙也随后紧追不舍，终于捕获了猎物。当把山獐背到家时已是掌灯时分，乌龙和全家人忙于宰杀、品尝野味，已将制茶的事全然忘记了。翌日清晨全家人才忙着炒制昨天采回的"茶青"。没有想到放置了一夜的鲜叶，已镶上了红边，并散发出阵阵清香，当茶叶制好时，滋味格外清香浓厚，全无往日的苦涩之味。之后，乌龙精心琢磨并反复试验，经过萎凋、摇青、杀青、揉捻等工序，终于制出了品质优异的茶类新品——乌龙茶。安溪也随即成了乌龙茶的著名茶乡。

乌龙茶综合了绿茶和红茶的制法，其品质介于绿茶和红茶之间，既有红茶的浓鲜味，又有绿茶的清香，并有"绿叶红镶边"的美誉。

二、乌龙茶的生产制作

图 3–1 乌龙茶的鲜叶

乌龙茶的采摘要求是在新梢形成驻芽，即当顶叶驻芽形成时，摘取驻芽开面的二三叶或三四叶，也叫“三叶开面采”。闽南采摘驻芽二三叶，闽北采摘驻芽三四叶。所谓开面采，按新梢伸展程度不同又有小开面、中开面和大开面之区别。小开面指驻芽梢顶部第一叶片的叶面积约相当于第二叶的 1/2；中开面指驻芽梢顶部第一叶面积相当于第二叶的 2/3；大开面顶叶的面积与第二叶相似。乌龙茶鲜叶采摘标准要求有一定的成熟度，芽梢大小大体一致，不老也不嫩，这既符合乌龙茶特殊的工艺要求，也具备了形成乌龙茶品质的良好的内含物质基础。首先，乌龙茶的初制工艺中特有的做青工序，要求青叶发生摩擦、损伤作用。但这仅局限于青叶的叶缘部分，而对于枝梗、叶面等部分又要维护其完整性，以便于青叶在做青阶段完成具有生命性征的“走水”等一系列程序。因此做青阶段既要求叶组织有一定的损伤，又必须留有余地。成熟度较高的驻芽梢，叶结构的表皮角质较厚，具有较佳的耐磨性，符合做青工艺的特殊要求。如果采用偏嫩的芽梢，因嫩叶的叶表皮角质层较薄，就容易形成“焦层”或“死青”，也就无法顺利完成做青阶段的一系列程序。其次，一定成熟度的新梢，具有良好的乌龙茶的品质效应。新梢不同部位的叶片，主要化学成分含量有所不同。其规律是随着新梢伸展、叶片的生长成熟，浸出物、类胡萝卜素含量逐渐增加，茶多酚类含量渐趋减少。浸出物含量与茶叶香气成正比，含量高，香气也浓。

乌龙茶是鲜叶经萎凋、做青、杀青、揉捻和烘干工序制成的，兼有红茶和绿茶的品质特征，汤色金黄，香气滋味兼有绿茶的鲜浓和红茶的甘醇，叶底为绿叶红镶边。要形成乌龙茶的优异品质，首先要选择优良品种茶树鲜叶做原料，严格掌握采摘标准；其次要有极其精细的制作工艺。制作程序有晾青、摇青、杀青、揉捻、干燥。

茶青：从茶树上摘下来的嫩叶，也称鲜叶。

做青：制作乌龙茶的特有工序之一。做青能适当调节萎凋过程中的水分蒸发和内含物自体分解。

学习笔记

图 3–2　萎青

图 3–3　做青

图 3–4　杀青

杀青：用高温把茶青炒熟或蒸熟，以便停止茶青继续发酵。

揉捻：目的是把叶细胞揉破，使得茶叶所含的成分在冲泡时容易溶入茶汤中，以及较容易揉出所需要的茶叶形状。

干燥：目的是要将茶叶的形状固定，并有利于保存，使之不容易变坏。

图 3–5　揉捻

图 3–6　干燥

学习笔记

三、乌龙茶的主要名品

乌龙茶是中国茶的代表，是一种半发酵的茶。但其实乌龙茶只是总称，还可以细分出许多不同类别的茶，例如铁观音、水仙、黄金桂、本山、毛蟹、武夷岩茶、冻顶乌龙、肉桂、奇兰、凤凰单丛、凤凰水仙、岭头单丛、色种等。

（一）武夷四大名丛

武夷岩茶产于福建崇安武夷山。武夷山中心地带所产的茶叶称正岩茶，其品质香高味醇厚，岩韵特显；武夷山边缘地带所产的茶叶称半岩茶，其岩韵略逊于正岩茶；崇溪、九曲溪、黄柏溪溪边靠武夷山两岸所产的茶叶，称洲茶，其品质又低一筹。

武夷岩茶的品质特点是：条索壮结匀整，色泽青褐油润呈“宝光”；叶面呈青蛙皮状小粒白点，人称“蛤蟆背”。冲泡后，香气馥郁隽永，具有特殊的“岩韵”，俗称“豆浆韵”；滋味浓醇回甘，清新爽口；汤色橙黄，清澈艳丽；叶底“绿叶红镶边”，呈三分红七分绿，且柔软红亮。

在武夷名丛中，又以大红袍、铁罗汉、白鸡冠、水金龟四大名丛最为珍贵。

1. 大红袍

大红袍在武夷名丛中享有最高的声誉。它既是树种又是茶叶名。大红袍产于天心岩九龙窠的高岩峭壁之上。古时，采制大红袍需焚香礼拜，设坛诵经，使用特制器具，由资深茶师专门制作。大红袍的品质很有特色，冲泡 7~8 次，尚不失原茶真味和桂花香。

2. 铁罗汉

铁罗汉是武夷山最早的名丛，茶树生长在慧苑岩的鬼洞，即蜂窠坑。此树生长茂盛，叶大而长，叶色细嫩有光。采制而成的铁罗汉茶极为名贵。

3. 白鸡冠

白鸡冠其名早于大红袍，茶树原生长在武夷山慧苑岩的外鬼洞。相传明代时，“年赐银百两，粟四十石，每年封制以进，遂充贡茶”，直至清代止。

4. 水金龟

此茶树原生长在武夷山牛栏坑葛寨峰下半崖上。相传此茶树原属天心寺庙所有，后由大雨将此树冲至牛栏坑头之半石凹处，兰谷山业主遂凿石设阶，保护此茶。20 世纪 20 年代，天心寺业主、磊石寺业主、兰谷山业主为此树归属权花费数千金对簿公堂，足见此树之名贵，此茶之珍稀。

图 3-7 武夷肉桂

（二）武夷肉桂

据载，武夷肉桂最早发现于武夷山慧苑岩，另说原产于武夷山马振峰，为武夷名丛之一，清代就已负盛名。

武夷肉桂的条索紧结、卷曲、匀整，色泽褐绿油润，叶背有青蛙皮状小白点。冲泡后，肉桂香明显，佳者带乳香，冲泡 4~5 次仍有余香，滋味醇厚回甘，咽后齿颊留香，汤色橙黄清澈，叶底红亮，呈绿叶红镶边。

图 3-8 武夷水仙

（三）武夷水仙

武夷山由于其得天独厚的自然环境，使得水仙品质更加优异，如今树冠高大叶宽而厚、成茶外形肥壮紧结有宝光色。武夷水仙茶叶比较厚，

学习笔记

外形条索肥壮、紧结、匀整，色泽呈暗绿色和黄色之间，油润而有光泽。冲泡出来的茶汤比较清澈，茶的香气浓郁清长，含兰花香，汤色橙黄，深而鲜艳，滋味浓厚而醇，岩韵特征明显。叶底肥嫩明净，绿叶红边，十分美观。

（四）安溪铁观音

安溪铁观音原产于福建安溪，当地茶树良种很多，其中以铁观音茶树制成的铁观音茶品质最优。而在台湾，铁观音是一种特制的乌龙茶，并非一定得用铁观音茶树上采来的新梢制成，这与安溪铁观音的概念不同。安溪铁观音，以春茶品质最好，秋茶次之，夏茶较差，自问世以来，一直受到闽、粤、台茶人及东南亚、日本人的珍爱。铁观音成为乌龙茶的代名词。

图 3-9　安溪铁观音

安溪铁观音的条索卷曲、壮结、重实，呈青蒂绿腹蜻蜓头状；色泽鲜润，显砂绿，红点明，叶表起白霜。冲泡后，香气馥郁持久，有“七泡留余香”之誉，滋味醇厚甘鲜，有蜜味，汤色金黄，浓艳清澈，叶底肥厚明亮，有光泽。

（五）永春佛手

图 3-10　永春佛手

永春佛手产于福建永春。佛手茶系用佛手茶树种制成。该品种茶树的叶片，形如香橼柑树叶片，所以，有人认为将这种茶树命名香橼比佛手更加贴切。佛手品种有红芽佛手和绿芽佛手两种，其中以红芽佛手制成的佛手茶品质最优。

永春佛手的条索紧结、肥壮、卷曲；色泽砂绿乌润。冲泡后，香气浓郁，滋味醇厚，且耐冲泡，汤色橙黄清澈，叶底黄绿明亮。

（六）黄金桂

黄金桂产于福建安溪，由黄旦（也称黄炎）品种茶树嫩梢制成。又因其有奇香似桂花，加之汤色金黄，故称为黄金桂。为此，早年销往东南亚的黄金桂曾以谐音“黄金贵”为商标出口。20世纪 80 年代以来，黄金桂多次被评为全国名茶。

图 3-11　黄金桂

学习笔记

黄金桂的条索紧细，色泽金黄油润。冲泡后，有桂花香，滋味甘鲜，汤色金黄明亮，叶底中央黄绿，边缘朱红，柔软明亮。

（七）凤凰单丛

图 3-12　凤凰单丛

凤凰单丛产于广东潮州。传说南宋末年，帝昺（赵昺，1272—1279 年）南下潮汕，路经凤凰山的乌崬山时，曾用茶树叶止渴生津，效果甚佳，从此广为栽种，称为“宋种”。至今乌崬村还留有宋、元、明、清各代树龄达 200～700 年的茶树 3700 余棵。据说此为制造凤凰单丛的茶树原种。

单丛茶，是在凤凰水仙群体品种中选拔优良单株茶树，经培育、采摘、加工而成。因成茶香气、滋味的差异，当地习惯将单丛茶按香型分为黄枝香、芝兰香、蜜兰香等多种。因此，单丛茶实行分株单采，新茶芽萌发至小开面时（即出现驻芽），即按一芽二三叶标准采下，轻放于茶箩内。有强烈日光时不采，雨天不采，雾水茶不采的规定。一般于午后开采，当晚加工，制茶均在夜间进行，经晒青、晾青、杀青、揉捻、烘焙等道工序，历时 10 小时制成成品茶。

凤凰单丛的条索挺直肥大，色泽黄褐，俗称“鳝鱼皮色”，且油润有光。冲泡后，香味持久，有天然花香，滋味醇爽回甘，耐冲泡，汤色橙黄清澈，叶底肥厚柔软，叶边朱红，叶腹明黄。

凤凰单丛根据香气可分为蜜兰香单丛、黄枝香单丛、玉兰香单丛、夜来香单丛、肉桂香单丛、杏仁香单丛、柚花香单丛、芝兰香单丛、姜花香单丛、桂花香单丛十种。

（八）漳平水仙

图 3-13　漳平水仙

漳平水仙结合了闽北水仙与闽南铁观音的制法，是用一定规格的木模压制成方形的茶饼。它是乌龙茶中唯一的紧压茶。

漳平水仙茶性温和，香气清高幽长，具有如兰气质的天然花香，滋味醇爽细润，鲜灵活泼，经久藏，耐冲泡，茶色赤黄，细品有水仙花香，有回甘。

（九）冻顶乌龙

冻顶乌龙茶俗称冻顶茶，是台湾知名度极高的茶。冻顶乌龙茶

学习笔记

是台湾包种茶的一种。所谓“包种茶”，其名源于福建安溪，当地茶店售茶均用两张方形毛边纸盛放，内外相衬，放入茶叶 4 两，包成长方形四方包，包外盖有茶行的唛头，然后按包出售，称之为“包种”。台湾包种茶属轻度或中度发酵茶，亦称“清香乌龙茶”。包种茶按外形不同可分为两类，一类是条形包种茶，以“文山包种茶”为代表；另一类是半球形包种茶，以“冻顶乌龙茶”为代表，素有“北文山、南冻顶”之美誉。冻顶乌龙原产地在台湾南投县的鹿谷乡，主要是以青心乌龙为原料制成的半发酵茶。传统上，其发酵程度在 30% 左右。冻顶乌龙采摘青心乌龙等良种芽叶，经晒青、晾青、浪青、炒青、揉捻、初烘、多次团揉、复烘、再焙火制成。色泽墨绿油润，汤色黄绿，滋味甘醇浓厚。其制茶过程的独特之处在于：烘干后，需重复以布包成球状揉捻茶叶，使茶成半发酵半球状，称为“布揉制茶”或“热团揉”。传统冻顶乌龙茶带明显焙火味，近年亦有轻焙火制茶。此外，亦有“陈年炭焙茶”，是每年反复拿出来高温慢烘焙而制出的甘醇后韵十足的茶。1999 年“9•21”大地震后，鹿谷地区茶农在灾后重建中研发出“冻顶贵妃茶”。鹿谷乡农会每年举办茶叶比赛，评选出特等（冠军茶）、头等、二等、三等、优良茶（五朵梅、四朵梅、三朵梅、二朵梅、一朵梅）等品级。

图 3-14　冻顶乌龙

学习笔记

（十）东方美人茶

东方美人茶是台湾独有的名茶，又名膨风茶，因其茶芽白毫显著，又名为白毫乌龙茶，是半发酵青茶中发酵程度最重的茶品，一般的发酵度为 60%，有些则多达 75% ~85%，故不会产生任何生青臭味，且不苦不涩。该茶主要产地在台湾的新竹、苗栗一带，近年台北坪林、石碇一带亦是新兴产区。

图 3-15　东方美人茶

东方美人茶采收期在炎夏六七月，即端午节前后 10 天。东方美人茶最特别的地方在于，茶青必须让小绿叶蝉（又称浮尘子）叮咬吸食，同时也是东方美人茶的醇厚果香蜜味的来源，昆虫的唾液与茶叶酵素混合出特别的香气，茶的好坏决定于小绿叶蝉的叮咬程度。也因为要让小绿叶蝉生长良好，东方美人茶在生产过程中绝不使用农药，所以生产较为不易，也更显其珍贵。在制作方面，东方美人茶必须经手工采摘一心二叶，再以传统技术精制而成高级乌龙茶，制茶过程的特点是：炒青后，需多一道以布包裹，置入竹篓或铁桶内的静置回润或称回软的二度发酵程序，再进行揉捻、解块、烘干而制成毛茶。

东方美人茶名字的由来，据闻是英国茶商将此茶献给维多利亚女王时，其黄澄清透的色泽与醇厚甘甜的口感令她赞不绝口，此茶既然来自东方，就赐名“东方美人茶”了。

(十一)大禹岭茶

大禹岭是台湾新兴的高山茶产区，茶区开垦不久，但所产的茶叶已经是公认台湾最顶级的高山茶。海拔 2600 米，寒冷且温差大，终年云雾缭绕，在气候、土壤等天然环境俱佳的条件下，茶树生长缓慢，因此茶质幼嫩，茶味甘醇，加上当地排水良好的酸性土壤，得天独厚的环境造就独一无二的好茶。

图 3-16 大禹岭茶

大禹岭茶产量稀少，冬茶的韵味丰厚，与春茶比起来各有千秋，甚至有许多茶友认为冬茶的气味更胜春茶。

冲泡后，花果香清扬芬芳，入口就能感觉到它的清扬细腻，带有冷矿山特有的山场气息，落喉甘滑韵味饱满，色、香、味俱全，回甘迅速有层次，喉韵甚佳，回香绕舌不退。

图 3-17 阿里山茶

(十二)阿里山茶

阿里山茶产于台湾省嘉义县阿里山海拔 1700 米处，茶叶叶厚、柔软，尤以金萱茶（树种名）甘醇的滋味享有盛名。此茶香气淡雅，且显现出一股淡淡的奶香味，堪称高山茶中极品。

四、鉴别乌龙茶的方法

(一)了解优质乌龙茶的特征

外形：铁观音茶条索壮结重实，略呈圆曲；水仙茶条索肥壮、紧结，带扭曲条形。

色泽：乌龙茶色泽砂绿乌润或青绿油润。

学习笔记

香气：乌龙茶有花香、果香和熟果香。

汤色：乌龙茶汤色橙黄或金黄、清澈明亮。

滋味：茶汤醇厚、鲜爽、鲜灵。

叶底：绿叶红镶边，即叶脉和叶缘部分呈红色，其余部分呈绿色，绿处翠绿稍带黄，红处明亮。

（二）了解劣质乌龙茶的特征

外形：条索粗松、轻飘。

色泽：呈乌褐色、褐色、赤色、铁色、暗红色。

香气：有烟味、焦味或青草味及其他异味。

汤色：汤色泛青、红暗。

滋味：茶汤淡薄，甚至有苦涩味。

叶底：绿处呈暗绿色，红处呈暗红色。

（三）观其外形

将干茶捧在手上对着明亮的光线检视，无论条形或球形，茶颜色应鲜活，有砂绿白霜像青蛙皮那样才好；注意是否隐存红边，红边是发酵适度的讯号；冬茶颜色翠绿，春茶则墨绿；如果茶干灰暗枯黄当然不好；而那些颗粒微小，油亮如珠，白毫绿叶犹存者，则是发酵不足的嫩芽典型的外观，这茶泡起来带青味，稍微浸泡就会苦涩伤胃。检视干茶的同时还要注意手感，球形茶手握柔软是干燥不足的表现；拿在手上抖动要觉得有分量，太轻者滋味淡薄，太重者易苦涩；条形包种茶，如叶尖有刺手感，是茶青太嫩或退青不足造成“积水”的现象，喝起来会苦涩。手捧干茶，埋头贴紧着闻，吸三口气，如果香气持续甚至越来越强劲，便是好茶；较次者则香气不足，而有青气或杂味者当然不选。

（四）开汤冲泡

这是试茶最要紧的步骤。茶商们试茶通常抓一大把茶叶，将茶壶塞满，这当然是商家的瞒天过海之术。买茶试茶只要一只瓷杯，5 克茶叶，冲 150 毫升的开水静置 5 分钟。然后取一支小汤匙，拨开茶叶看汤色如何，如果浑浊，就是炒青不足；淡薄，则因嫩采和发酵不足。若炒得过火，则叶片焦黄碎裂。好的茶汤，汤色明亮浓稠，依品种及制法不同，由淡黄、蜜黄到金黄都显得鲜艳可爱。把汤匙拿起来闻，注意不要有草青味，好茶即使茶汤冷却，香气依然存在。茶汤含在嘴里，仔细分辨老板所言的“清香”是不是萎凋不足的草青味，草青味是当前乌龙茶制程不够严谨所造成的，有草青味的茶，一旦增大投茶量，再稍加久浸，必然滋味苦涩，汤色变

学习笔记

深。总之选购茶叶的原则是少投叶，多冲水，长浸泡，这样茶叶的优缺点就会充分呈现。

任务2　乌龙茶沏泡服务与品饮技巧

扫码学习乌龙茶的沏泡

一、乌龙茶沏泡茶具与用具

乌龙茶沏泡茶具与用具主要有茶船、茶壶、公道杯、闻香杯和品茗杯、随手泡、茶道组合等，如下图所示。

图 3-18　茶船

图 3-19　茶壶

图 3-20　公道杯

图 3-21　闻香杯、品茗杯

图 3-22　杯托

图 3-23　盖置

学习笔记

图 3-24　滤网

图 3-25　随手泡

图 3-26　茶道组合

学习笔记

二、乌龙茶的冲泡方法

操作步骤	操作示范	注意事项
介绍茶具	  茶则  茶针  茶匙  茶夹  茶仓  茶船  杯托	向客人点头示意，表示对来宾的欢迎。依次介绍茶具的名称及用途。

续表

操作步骤	操作示范	注意事项
介绍茶具	 闻香杯  品茗杯  茶海  盖置  紫砂壶  滤网  随手泡  茶巾	
摆放茶垫		将茶垫摆放在茶船前。
翻杯		将闻香杯、品茗杯翻转摆放在茶船上。
孟臣温暖		温壶。将随手泡的热水注入紫砂壶中，提高紫砂壶的温度。

学习笔记

学习笔记

续表

操作步骤	操作示范	注意事项
温盅		将紫砂壶中的水注入茶海中。
温滤网		用茶海中的水将滤网冲洗。
精品鉴赏	  	用茶则从茶仓中轻轻将茶叶盛出，供客人欣赏干茶外形。根据需要，可用简短的语言介绍一下即将冲泡的茶叶品质特征和文化背景，以引发品茶者的兴趣。
佳茗入宫	 	将茶叶拨至壶中，将茶仓盖盖好。
润泽香茗		将随手泡的开水注入壶中，润泽茶叶。
荷塘飘香		将温润泡的茶汤注入茶海中，留作温杯用。

续表

操作步骤	操作示范	注意事项
旋律高雅		第一泡茶汤冲水。
沐淋瓯杯	    	将温润泡的茶汤分别倒入闻香杯中，再用茶夹温杯，将温杯的水倒入茶船。
茶熟香温		将泡好的茶汤注入茶海中。
茶海慈航	  	用茶海将茶汤分别倒在闻香杯中，七成满。
热汤过桥		将闻香杯中的茶汤倒入品茗杯中。

学习笔记

续表

操作步骤	操作示范	注意事项
幽谷芬芳		右手端起品茗杯观赏汤色。
杯里观色		右手端起品茗杯观赏汤色。
听味品趣		右手端起品茗杯品茶。
品味再三		一杯茶分三口以上慢慢细品。
和敬清寂		静坐回味，品味无穷。

三、乌龙茶的沏泡步骤及方法

第一步：问好。

大家好！今天由我为您做茶。

第二步：介绍茶具。

茶则，用来盛茶叶；茶匙，协助茶则将茶叶拨至壶中；茶夹，用来夹闻香杯和品茗杯；茶漏，用来放在壶口防止茶叶外溢；茶针，当壶嘴被茶叶堵住时用来疏通；茶仓，用来盛装茶叶；茶船、茶垫、闻香杯、品茗杯、茶海（又名公道杯）、盖置、紫砂壶、滤

学习笔记

网、随手泡。

第三步：摆放杯托。

杯托用来放闻香杯和品茗杯。

第四步：翻杯。

高的是闻香杯，用来闻茶汤的香气；矮的是品茗杯，用来品尝茶汤的味道。

第五步：孟臣温暖。

温壶。先温壶，是因为稍后放入茶叶冲泡热水时，不致冷热悬殊。

第六步：温盅。

第七步：温滤网。

第八步：精品鉴赏。

用茶则盛茶叶，请赏茶。今天为您沏泡的是……（介绍茶叶名称）

第九步：佳茗入宫。

苏轼曾有诗言："从来佳茗似佳人。"将茶轻置壶中，如请佳人轻移莲步，登堂入室，满室生香。茶叶用量要斟酌茶叶的紧结程度，约放壶的1/2或1/3。

第十步：润泽香茗。

小壶泡所用的茶叶，多半是球形的半发酵茶，故先温润泡，将紧结的茶球泡松，可使未来每泡茶汤汤色维持同样的浓淡。

第十一步：荷塘飘香。

将温润泡的茶汤倒入茶海中。茶海虽然小，有茶汤注入则茶香拂面，能去杂味，清精神，破烦恼。

第十二步：旋律高雅。

第一泡茶冲水。

第十三步：沐淋瓯杯。

温杯的目的在于提升杯子的温度，使杯底留有茶的余香，温润泡的茶汤一般不作为饮用。（介绍茶叶）

第十四步：茶熟香温。

浓淡适度的茶汤斟入茶海中，散发着暖暖的茶香。茶先斟入茶海中再分别倒在客人杯中，可使每位客人杯中的茶汤浓淡相同，故茶海又名公道杯。

第十五步：茶海慈航。

分茶入杯。中国人说："斟茶七分满，斟酒八分满。"主人斟茶时无富贵贫贱之分，每位客人皆斟七分满，倒的是同一把壶中泡

学习笔记

出的同浓淡的茶汤，如慈航普度，众生平等。（奉茶）

第十六步：热汤过桥。

请左手拿起闻香杯旋转将茶汤倒入品茗杯中。（乌龙茶的品饮演示）

第十七步：幽谷芬芳。

闻香。高口的闻香杯底，如同开满百花的幽谷，随着温度的逐渐降低，散发出不同的芬芳，香气有高温香、中温香、冷香，值得细细体会。

第十八步：杯里观色。

右手端起品茗杯观赏汤色，好茶的茶汤清澈明亮，从翠绿、蜜绿到金黄，令人观之赏心悦目。

第十九步：听味品趣。

品茶。

第二十步：品味再三。

一杯茶分三口以上慢慢细品，饮尽杯中茶。品字三个口，一小口、一小口慢慢喝，用心体会茶的美。

第二十一步：和敬清寂。

静坐回味，品趣无穷。喝完茶进入宁静、愉悦、无忧的禅境。

第二十二步：结束。

做茶完毕，谢谢大家！

学习笔记

四、乌龙茶的品饮技巧

品饮乌龙茶时，用右手拇指、食指捏住杯沿，中指托住茶杯底部，雅称“三龙护鼎”。手心朝内，手背向外，缓缓提起茶杯，先观汤色，再闻其香，后品其味，一般是三口见底。如此，“三口方知其味，三番才能动心”。饮毕，再闻杯底余香。

品饮乌龙茶强调热饮，用小壶高温冲泡，品茗杯则小如胡桃。每壶泡好的茶汤，刚好够在场茶友一人一杯，要继续品饮，则即冲泡即品饮，这样，每一杯茶汤在品饮时都是热的。品饮乌龙茶因杯小、香浓、汤热，故饮后杯中仍有余香，这是一种更深沉、更浓烈的“香韵”。

品饮台湾乌龙茶时，略有不同。将泡好的茶汤倒入闻香杯。品饮时，要先将闻香杯中的茶汤旋转倒入品茗杯，嗅闻杯中的热香，再以“三龙护鼎”的方式端杯观色，接着即可小口啜饮，三口饮毕，再持闻香杯探寻杯底冷香，留香越久，则表明这种乌龙茶的品质越佳。

品饮乌龙茶时，很讲究舌品，通常是啜入一口茶水后，用口吸气，让茶汤在舌的两端来回滚动而发出声音，让舌的各个部位充分感受茶汤的滋味，而后徐徐咽下，慢慢体味颊齿留香的感觉。

拓展阅读

1. 茶叶发展史

茶在中国的应用过程，若用人的“生命历程”做比喻的话，就可以分为三个相承启的阶段：药用、食用和饮用。药用为其开始之门，食用次之，饮用则为最后发展阶段。但茶文化却是因其而得以发扬光大。当然，三者之间有先后承启的关系，但是三者又不可能进行绝对划分，现在主要是以品饮为主，但同时又有茶之药用和食用。在我国茶用早期，药用和食用难于进行明确划分，古人有“药食同源”之说，可见茶的药用阶段与食用阶段是交织在一起的，只不过相对而言，人们所最早认识的还是药用而已，因而切不可将三者完全孤立开来看。

（1）药用

在我国，饮茶之始，是“食药同源”。我们祖先仅把茶叶当作药物，他们从野生大茶树上砍下枝条，采集嫩梢，先是生嚼，后是加水煮成羹汤，供人饮用。传说早在神农时代，就有“得茶而解毒”之说。神农氏是中国上古时代一位被神化了的人物形象，与伏羲、燧人氏并称为三皇。传说他不仅是中国农业、医药始祖和其他许多事物的发明者，也是中国茶叶利用的鼻祖。神农氏不仅教老百姓农业知识，还教会老百姓识别可食用的植物和药物。神农氏采摘草木的果实，尝其汁液，中毒70多次，都是用茶解的毒。可以说，是神农氏最早认识了茶，并以茶为药，发现了茶的药用功能。

后人经过长期实践，发现茶叶不仅能解毒，而且配合其他中草药，可医治多种疾病。《神农本草》记载有“茶味苦，饮之使人益思、少卧、轻身、明目”。东汉神医华佗在《食论》中也说茶味道较苦，但经常服食的话则有利于头脑清醒、思维敏捷。明代顾元庆在《茶谱》中写道：“人饮真茶能止渴、消食、除痰、少睡、利尿、明目益思、除烦去腻，人固不可一日无茶。”更是把茶的药用功能说得异常清楚。世界最早的茶叶专著——陆羽的《茶经》，更全方面论述了茶的功效：“茶之为用，味至寒，为饮最宜。精行俭德之人，若热渴、凝闷、脑疼、目涩、四肢烦、百节不舒，聊

学习笔记

四五啜，与醍醐甘露抗衡也。”名医李时珍则从医药专家角度将茶的品性、药用价值一一道来：茶味较苦，品性趋寒，因而最宜于用来降火，如果喝温茶，那心中火气就会被茶汤减去，如果喝热茶，那火气就会随着茶汤挥发。并且茶汤还有解酒的功能，能使人神清气爽不再贪睡。

对于我国边疆少数民族而言，茶的药用功能更为突出。在少数民族地区流传着“宁可三日不吃粮，不可一日不喝茶”的谚语。这是因为，像藏族、蒙古族、维吾尔族等少数民族居住在高寒地区，日常主食都是牛羊等肉类食品，蔬菜较少，不易消化，而茶能促进消化，补充日常所需的维生素。

以上是古人凭借实践经验总结出来的茶叶功效的论述。随着科学技术的发展，特别是现代医学的进步，我们对茶叶的功效有了更科学的认识。目前人们已发现茶叶的主要化学成分达 500 多种，构成这些化学物质的基本元素达 29 种。

（2）食用

食用茶叶，就是把茶叶作为食物充饥，或是做菜吃。

早期的茶，除了作为药物之外，很大程度上还是作为食物用品而出现的。这在前人的许多著述中都有记载。流传至今的，除了品饮之外，还有一些原始形态的茶食仍为现代人所享用，例如食用擂茶。擂茶是用生姜、生米、生茶叶（鲜茶叶）做成的，故又名“三生汤”。还有一种简单化的“姜盐豆子茶”：取适当的茶叶和炒香的黄豆、芝麻、姜、盐放入茶碗中，直接用开水沏泡即成。它简捷方便，颇合现代人胃口，但已失却原有的那份浓浓情趣，其实是一种已失古风旧貌的“现代姜盐豆子茶”。

（3）饮用

饮用就是把茶作为饮料，或是解渴，或是提神。

中国饮茶的历史经历了漫长的发展和变化时期。不同的阶段，饮茶的方法、特点都不相同，大约可分为唐前茶饮、唐代茶饮、宋代茶饮、明代茶饮、清代茶饮几种。唐朝时期，茶叶多加工成饼茶，饮用时加调味的配料烹煮成茶汤。随着贡茶的兴起，贡焙产茶声名远扬，成为早期的名茶，如紫笋茶等。陆羽《茶经》的问世为饮茶开辟新径，唐人对茶的质量、茶具、用水、烹煮环境以及烹煮方法越来越讲究，饮茶方法有较大改进。唐代饮茶不仅在宫廷风行，在民间也很普遍。饮茶方法也以团茶、饼茶为主，饮时碾碎烹煮，有加调味品的，也有不加的。同时，出现蒸青法制成的散茶。江南成为主要产茶区。人们饮用时，开始注重茶叶原有的色、香、味。宋代斗茶盛行，斗茶中获优胜的茶成为名茶。

学习笔记

明代以后，制茶工艺革新，团、饼茶被散茶代替，饮茶也改为泡饮法，对饮茶的方式更讲究。清代时，无论是茶叶、茶具还是茶的冲泡方法大多已和现代相似，六大茶类品类齐全。当时，中国已成为世界上最大的茶叶出口国。

2. 茶叶的选购

（1）茶叶的选购原则

购买茶叶最好到信誉良好的茶叶专卖店，因为那里种类齐全，销量大，货品新鲜，还可以当场试饮之后再购买。最重要的一点是，相同价位的茶叶，要多喝几种做比较，再选出自己最喜爱的口味。

如果到超级市场购买茶叶，就要选择信用较好的厂商的产品，而且产品包装上要有详细的说明，标有制造日期，出产的公司、地址、电话等资料。

购买茶叶时要找到适合自己口味的茶，不一定是以价格的多少来评定它的好坏。茶叶是嗜好性作物，适合个人口味的茶就是好茶。

（2）新茶与陈茶的鉴别

俗话说“饮茶要新，饮酒要陈”。大部分品种的茶，新茶总是比陈茶品质好。因为，茶叶在存放过程中，受环境中的温度、湿度、光照及其他气味的影响，其中的内含物质如酸类、醇类及维生素类容易发生缓慢的氧化或缩合，从而导致茶叶的有效成分含量增加或减少，茶叶的色、香、味、形失去原有的品质特色。

鉴别新茶与陈茶，可以从这几个方面来判断。

①香气。新茶气味清香、浓郁；陈茶香气低浊，甚至有霉味或无味。

②色泽。新茶看起来较有光泽、清澈，而陈茶较晦暗。例如，绿茶新茶青翠嫩绿，陈茶则黄绿、枯灰；红茶新茶乌润，而陈茶灰褐。

③滋味。新茶滋味醇厚、鲜爽。陈茶滋味淡薄、滞钝。

（3）春茶、夏茶、秋茶和冬茶的鉴别

一般来讲，春茶是指当年5月底之前采制的茶叶；夏茶是指6月初至7月底采制的茶叶；而8月以后采制的当年茶叶，称为秋茶；10月以后就是冬茶了。

以绿茶为例，春茶由于茶树休养生息了一个冬天，新梢芽叶肥壮，而春季温度适中，雨量充沛，使春茶色泽翠绿，叶质

学习笔记

柔嫩，毫毛多，叶片中有效物质含量丰富。所以，春茶滋味鲜爽，香气浓烈，是全年品质最好的。而夏季时，茶树生长迅速，叶片中可溶物质减少，咖啡碱、花青素、茶多酚等苦涩味物质增加。因此，夏茶滋味较苦涩，香气也不如春茶浓。秋季的茶树已经过两次以上采摘，叶片内所含物质相对减少，叶色泛黄，大小不一，滋味、香气都较平淡。

从干茶来看，春茶茶芽肥壮，毫毛多，香气鲜浓，条索紧结；春茶红茶乌润，绿茶翠绿。夏茶条索松散，叶片宽大，香气较粗老；夏茶红茶红润，绿茶灰暗。秋茶则叶片轻薄，大小不一，香气平和；秋茶红茶暗红，绿茶黄绿。

从湿茶看，春茶冲泡时茶叶下沉快，香气浓烈持久，滋味鲜醇，叶底为柔软嫩芽；春茶红茶汤色红艳，绿茶汤色绿中透黄。夏茶冲泡时茶叶下沉慢，香气欠高，滋味苦涩，叶底较粗硬；夏茶红茶汤色红暗，绿茶汤色青绿。秋茶则汤色暗淡，滋味淡薄，香气平和，叶底大小不等。华南茶区少部分地区采摘冬茶制作乌龙茶。

学习笔记

（4）窨花茶与拌花茶的鉴别

花茶是利用茶叶中的某些内含物质具有吸收异味的特点，使用茶原料和鲜花窨制而成的。只有经过一定程序的窨制，茶叶才能充分吸收花香，花茶的香气才能纯鲜持久。而一些投机商人，只是在劣等茶叶中象征性地拌一些花干，冒充花茶，通常称这种茶为拌花茶。

真正的窨花茶制作完成后，已经失去花香的花干要充分剔除，越是高级花茶越是不能留下花干，但是窨过的茶叶留有浓郁的花香，香气鲜纯，冲泡多次仍可闻到。而拌花茶常常会有意夹杂花干做点缀，闻起来只有茶味，没有花香，冲泡后也只是第一泡时有些低浊的香气。还有一些拌花茶会喷入化学香精，但这种香气有别于天然花香的清鲜，也只能维持很短时间。

（5）高山茶与平地茶

高山出好茶，是由于其生态环境适宜茶树生长，如雨量充沛、光照适中、土壤肥沃、植被繁茂等，这些条件都较平地优越。因此，高山茶芽叶肥壮，颜色绿，茸毛多，茶叶条索紧结，白毫显露，香气浓郁，滋味醇厚耐冲泡；而平地茶芽叶较小，质地轻薄，叶色黄绿，茶叶香气略低，滋味略淡。

目前，人工茶园已采用各种方式模拟高山环境，若能造就符合茶树生长的生态结构，则一样可以产出好茶。

3. 茶叶的保存

（1）茶叶不良变化的原因

茶叶是疏松多孔的干燥物质，收藏不当，很容易发生不良变化，如变质、变味和陈化等。造成茶叶变质、变味、陈化的主要因素有：温度、水分、氧气和光线。因此，不让茶叶受到温度、水分、氧气、光线的伤害，是保存好茶叶的首要工作。

①温度

温度越高，茶叶品质变化越快。平均每升高10℃，茶叶的色泽褐变速度将增加3～5倍。如果把茶叶储存在0℃以下的地方，则较能抑制茶叶的陈化和品质的损失。

②水分

茶叶的水分含量在3%左右时，茶叶成分与水分子呈单层分子关系。因此，可以较有效地把脂质与空气中的氧分子隔离开来，阻止脂质的氧化变质。当茶叶的水分含量超过5%时，水分就会转变成溶剂，引起激烈的化学变化，加速茶叶的变质。

③氧气

茶中多酚类化合物的氧化、维生素C的氧化以及茶黄素、茶红素的氧化聚合都和氧气有关。这些氧化作用会产生陈味物质，严重破坏茶叶的品质。

④光线

光线的照射可加速各种化学反应，对储存茶叶极为不利。光能促进植物色素或脂质的氧化，特别是叶绿素易受光的照射而褪色，其中紫外线最为显著。

（2）保存茶叶的方法

若想常有新鲜的好茶喝，使茶叶在储存期间保持其固有的颜色、香味、形状，必须让茶叶处于充分干燥的状态，绝对不能与带有异味的物品接触，并避免暴露与空气接触和受光线照射。要注意茶叶不受到挤压、撞击，以保持茶叶的原形、本色和真味。

在买茶叶时要特别留意茶叶包装的品质，并在购买回来后，选择适当的地方存放。茶叶包装一般分真空包装、无菌包装、充气包装、除氧包装和普通包装5种。这些包装好的茶叶，如果没有拆封，只要存放在阴凉干燥的地方，可保存6～12个月，不致发生不良变化而变质、变味。

一般家庭保存已经拆封的茶叶，可用以下几种方法。

第一，最好能准备一台专门储存茶叶的小型冰箱，设定温度在1～4℃，将拆封的封口紧闭好，放入冰箱内。将茶叶储存在一

学习笔记

般冰箱的冷冻室也可以，但不能再储存其他的东西。

第二，可用整理干净的热水瓶，将拆封的茶叶倒入瓶内，塞紧塞子存放。

第三，可用干燥箱储存茶叶。

第四，可用陶罐存放茶叶。罐内底部放置双层棉纸，罐口放置两层棉布后压上盖子。

第五，可用有双层盖子的罐子储存，以纸罐较好，其他锡罐、马口铁罐等都可以，罐内还需先摆一层棉纸或牛皮纸，再盖紧盖子。

第六，茶叶最好少量购买或以小包装存放，减少打开包装的次数，避免接触空气。这样就既能保质，又冲泡方便。装茶叶的时候，要尽量装满不留空隙，可减少罐内的空气，以利于保持茶叶的品质。

原则上，茶叶买回来之后，最好尽快地喝完。绿茶在一个月之内，趁新鲜喝完最好。其他茶叶，如半发酵茶或全发酵的茶，也要在半年内喝完。茶叶如果放太久了，有潮味，可以放在烤箱中稍微烤一烤，就又会产生新鲜的滋味。

4. 乌龙茶的小典故

（1）铁观音的传说

安溪是福建省东南部靠近厦门的一个县，是闽南乌龙茶的主产区，种茶历史悠久，在唐代就有茶叶出产。安溪境内雨量充沛，气候温和，适宜茶树的生长，而且经历代茶人的辛勤劳动，选育繁殖了一系列茶树良种，目前境内保存的良种有60多个，铁观音、黄旦、本山、毛蟹、大叶乌龙、梅占等属于全国知名良种。因此安溪有“茶树良种宝库”之称。在众多的茶树良种中，品质最优秀、知名度最高的要数铁观音了。

图 3–27　安溪茶区

铁观音原产安溪县西坪镇，至今已有200多年的历史。关于铁观音品种的由来，在安溪还流传着这样一个故事：相传，清乾隆年间，安溪西坪上尧茶农魏饮制得一手好茶，他每日清晨泡茶三杯供奉观音菩萨，十年从不间断，可见礼佛之诚。一夜，魏饮梦见在山崖上有一株透发兰花香味的茶树，正想采摘时，一阵犬吠把好梦惊醒。第二天果然在崖石上发现了一株与梦中一模一样的茶树，于是采下一些芽叶，带回家中，精心制作。制成之后茶味甘醇鲜爽，他认为这是茶之王，就把这株茶挖回家进行繁殖。几年之后，茶树长得枝叶茂盛。因为此茶美如观音重如铁，又是观音托梦所获，就叫它“铁观音”，从此铁观音即名扬天下。铁观音是乌龙茶的极品，其品质特征是：茶条弯曲，肥壮圆结，沉重匀整，色泽浅绿，整体形状似蜻蜓头、螺旋体、青蛙腿。冲泡后汤色多黄浓，艳似琥珀，有天然馥郁的兰花香，滋味醇厚甘鲜，回甘悠久，俗称有“观音韵”。香气高而持久，可谓“七泡余香”。

（2）大红袍的传说

大红袍是福建省武夷岩茶中的名丛珍品。武夷山栽种的茶树，品种繁多，有大红袍、铁罗汉、白鸡冠、水金龟“四大名丛”，此外，还有以茶树生长环境命名的不见天、金锁匙；以茶树形状命名的醉海棠、醉洞宾、钓金龟、凤尾草等；以茶树叶形命名的瓜子金、金钱、竹丝、金柳条、倒叶柳等。

图 3-28 大红袍产区

大红袍的来历有种传说：古时，有一穷秀才上京赶考，路过武夷山时，病倒在路上，幸被天新庙老方丈看见，泡了一碗茶给他喝，果然病就好了。后来秀才金榜题名，中了状元，还被招为东床驸马。一个春日，状元来到武夷山谢恩，在老方丈的陪同下，前呼后拥，到了九龙窠，只见峭壁上长着三株高大的茶树，枝叶繁茂，吐着一簇簇嫩芽，在阳光下闪着紫红的光泽，煞是可爱。老方丈说，去年你犯鼓胀病，就是用这种茶叶泡茶治好的。很早以前，每逢春日茶树发芽时，就鸣鼓召集群猴，穿上红衣裤，爬上绝壁采下茶叶，炒制后收藏，可以治百病。状元听了要求采制一盒进贡皇上。第二天，庙内烧香点烛、击鼓鸣钟，召来大小和尚，向九龙窠进发。众人来到茶树下焚香礼拜，齐声高喊“茶发芽！”然后采下芽叶，精工制作，装入锡盒。状元带了茶进京后，正遇皇后肚疼鼓胀，卧床不起。状元立即献茶让皇后服下，果然茶到病除。皇上大喜，将一件大红袍交给状元，让他代表自己去武夷山封赏。一路上礼炮轰响，火烛通明。到了九龙窠，状元命一樵夫爬上半山腰，将皇上赐的大红袍披在茶树上，以示皇恩。

学习笔记

说也奇怪，等掀开大红袍时，三株茶树的芽叶在阳光下闪出红光，众人说这是大红袍染的。后来，人们就把这三株茶树叫作“大红袍”了。有人还在石壁上刻了“大红袍”三个大字。从此大红袍就成了年年岁岁的贡茶。

（3）冻顶乌龙茶的传说

据说台湾冻顶乌龙茶是一位叫林凤池的人从福建武夷山把茶苗带到台湾种的。林凤池祖籍福建。一年，他听说福建举行科举考试，想去参加，可是家里穷，乡亲们纷纷捐款。临行时，乡亲们对他说：“你到了福建，可向咱祖家的乡亲们问好，咱们台湾乡亲十分怀念他们。”林凤池考中举人，几年后，决定要回台湾探亲，顺便带回了36棵乌龙茶苗，种在了南投鹿谷乡的冻顶山上。经过精心培育繁殖，建成了一片茶园，所采制之茶清香可口。后来林凤池奉旨进京，他把这种茶献给了道光皇帝，皇帝饮后称赞好茶。因这茶是从台湾冻顶山采制的，就叫作冻顶茶。从此台湾乌龙茶也叫“冻顶乌龙茶”。

图3-29 台湾冻顶乌龙茶产区

学习笔记

评价标准

乌龙茶的沏泡实训评价表

姓名： 分数：

项目	具体评分标准	应得分	实得分
仪表仪容	1. 服装整洁、平整、无破绽	2	
	2. 发型规范、面容整洁、指甲修剪整齐、不留长指甲、不戴饰物、不戴手表	2	
	3. 态度从容、不紧张、坐姿端正	2	
准备工作	1. 茶具整齐干净、沏泡用具齐全	2	
	2. 茶桌上各种物品齐全、数量合理、摆放整齐	2	
	3. 随手泡干净、光亮、工作正常	2	
	4. 将适当的纯净水注入随手泡	2	

续表

项目	具体评分标准		应得分	实得分
表演前问好	1. 声音清脆、口齿清楚、向客人点头问好		2	
	2. 打开煮水器		2	
介绍茶具	1. 茶道组合		2	
	2. 茶仓		2	
	3. 茶船		2	
	4. 茶垫（杯托）		2	
	5. 闻香杯		2	
	6. 品茗杯		2	
	7. 茶海		2	
	8. 盖置		2	
	9. 紫砂壶		2	
	10. 滤网		2	
	11. 随手泡（以左手示意）		2	
操作步骤及解释	1. 摆茶垫	将茶垫摆在茶船前面，正面向客人	2	
	2. 翻杯	将闻香杯、品茗杯翻转过来	2	
	3. 孟臣温暖	温壶	2	
	4. 温盅	将紫砂壶中水倒入茶海中	2	
	5. 温滤网	冲洗滤网	2	
	6. 精品鉴赏	①壶口处放茶漏	2	
		②用茶则盛茶叶请客人赏茶	2	
		③赏茶时手不发抖，茶叶不洒落	2	
	7. 佳茗入宫	用茶匙将茶叶拨置壶中	2	
	8. 润泽香茗	温润泡	2	
	9. 荷塘飘香	①放滤网	2	
		②温润泡茶汤注入茶海	2	
	10. 旋律高雅	第一泡茶冲水	2	
	11. 沐淋瓯杯	①用茶夹温杯	2	
		②介绍今天沏泡茶叶的特点	2	
		③闻香杯、品茗杯按左高右低排列面对客人	2	
	12. 茶熟香温	将茶汤斟入茶海中	2	
	13. 茶海慈航	①将茶海中的茶汤斟倒在闻香杯中	2	
		②茶斟七分满	2	

学习笔记

续表

项目	具体评分标准		应得分	实得分
操作步骤及解释	14. 奉茶	双手奉上杯子左高右低地面向客人	2	
	15. 热汤过桥	左手拿闻香杯，旋转倒入品茗杯中	2	
	16. 幽谷芬芳	①左手拿闻香杯	2	
		②闻茶汤香气	2	
	17. 杯里观色	右手拿品茗杯看茶汤颜色	4	
	18. 听味品趣	①介绍端杯方法	2	
		②品茶汤滋味	2	
	19. 品味再三	品茶	2	
	20. 和敬清寂	静坐回味	2	
	21. 结束	做茶完毕点头示意	2	
操作时间	分	秒	超时扣分	
老师签字				

说明:
1. 评分表共有五大项，评分时需在失误项目后填写扣分情况。
2. 采取全程计时，总成绩按操作时间和总计得分综合评定。

学习笔记

综合练习

根据你掌握的乌龙茶的冲泡技巧用盖碗冲泡凤凰水仙，并记录以下相关内容。

茶具的准备：

水温的要求：

冲泡时间：

冲泡方法：

香气、滋味：

自我评价：

第四单元

黄茶沏泡服务

学习目标

本单元应该了解的知识

- 黄茶的特点
- 黄茶的制作加工过程
- 黄茶中的名品
- 泡茶用水的要求
- 中国的名泉

本单元应该掌握的技能

- 认识沏泡黄茶的茶具
- 掌握沏泡黄茶的步骤及方法

任务1 认识黄茶

黄茶的品质特点是“黄叶黄汤”，这种黄色是制茶过程中进行闷堆渥黄的结果。黄茶的产生属于炒青绿茶过程中的妙手偶得，人们发现由于杀青、揉捻后干燥不足或不及时，茶叶的色泽会变黄，于是产生了新的茶类品种——黄茶。

一、黄茶的特点

黄茶类属部分发酵茶（发酵度约10%），具有黄汤黄叶的特点。

黄茶是中国特有的茶类之一，自唐代蒙顶黄芽被列为贡品以来，历代有产。黄茶的加工工艺与绿茶相似，但多了一道闷黄的工序，即鲜叶、杀青、揉捻、闷黄（或在杀青后，或在干燥中）、干燥。闷黄是在温热闷蒸作用下，叶绿素被破坏而产生变化，使成品茶叶呈黄或绿色。闷黄工序还可令茶叶中的游离氨基酸及挥发性物质增加，使得茶叶滋味甜醇，香气馥郁，汤色呈杏黄或淡黄。由于“养在深闺人未识”，许多黄茶生产者转而生产绿茶。其实品质优秀的黄茶别具风味。

黄茶依据所用的原料不同，可分为黄芽茶、黄小茶和黄大茶。黄芽茶所用原料细嫩，常为单芽或一芽一叶，如著名的君山银针、蒙顶黄芽；黄小茶采用细嫩芽叶加工，如平阳黄汤、沩山的毛尖等；黄大茶则采用一芽多叶（两三叶至四五叶）为原料，如黄山大茶、广东大叶青。

二、黄茶的生产制作

黄茶的制作需要经过8道工序：杀青、摊晾、初烘、摊晾、初包、复烘、再包、焙干。制法上的特点是：杀青、烘焙都用较低温度，杀青动作轻而快，须避免芽断毫脱；烘包发酵是形成黄茶品质特性的关键，两次以双层皮纸包裹的发酵，历时长达60小时，形成味醇甘爽、汤黄澄亮、茸毫呈黄的特色。

黄茶的基本制作工艺近似绿茶，但在制茶过程中加以闷黄，因此具有黄汤黄叶的特点。有的揉前堆积闷黄，有的揉后堆积或久摊闷黄，有的初烘后堆积闷黄，有的再烘时闷黄。

黄茶依原料芽叶的嫩度和大小不同可分为黄芽茶、黄小茶和黄

学习笔记

大茶三类。

（一）黄芽茶

黄芽茶原料细嫩，是由单芽或者一芽一叶加工而成，主要包括湖南岳阳洞庭湖君山的“君山银针”，四川雅安的“蒙顶黄芽”和安徽霍山的“霍山黄芽”。

（二）黄小茶

黄小茶是由细嫩芽叶加工而成，主要包括湖南岳阳的“北港毛尖”，湖南宁乡的“沩山毛尖”，湖北远安的“远安鹿苑”和浙江温州、平阳一带的“温州黄汤”。

（三）黄大茶

黄大茶是由一芽二三叶甚至一芽四五叶制作而成，主要包括安徽霍山的“霍山黄大茶”和广东韶关、肇庆、湛江等地的“广东大叶青”。

三、黄茶的主要名茶

学习笔记

黄茶的主要品种有君山银针、蒙顶黄芽、莫干黄芽、霍山黄芽、温州黄汤、鹿苑毛尖、北港毛尖、沩山毛尖等。

图 4-1 君山银针

（一）君山银针

君山银针产于湖南岳阳的洞庭山，洞庭山又称君山。当地所产之茶，形似针，满披白毫，故称君山银针。一般认为此茶始于清代。因其质量优良，曾在 1956 年国际莱比锡博览会上获得金质奖章。

君山银针的外形芽头肥壮挺直、匀齐、满披茸毛、色泽金黄泛光，有“金镶玉”之称。冲泡后，香气清鲜，滋味甜爽，汤色浅黄，叶底明黄。头泡时，茶芽竖立，冲向水面，然后徐徐下立于杯底，如群笋出土，金枪直立，汤色茶影交相辉映，构成一幅美丽的图画。

图 4-2 蒙顶黄芽

（二）蒙顶黄芽

蒙顶黄芽产于四川雅安的蒙顶山，蒙顶山产茶已有 2000 余年历史。自唐至清，此茶皆为贡品，是我国历史上最有名的贡茶之一。

蒙顶黄芽的外形扁直，芽毫毕露。冲泡后，甜香浓郁，滋味鲜醇回甘，汤色黄亮，叶底为茶芽，嫩黄匀齐。黄芽是蒙顶茶中的极品。

（三）莫干黄芽

莫干黄芽产于浙江德清的莫干山，为当地的特种名茶。莫干黄芽采制于春季，茶品依次有芽茶、毛尖、明前和雨前几种。

图 4-3 莫干黄芽

莫干黄芽的外形紧细成条，有如莲心，色泽黄嫩油润。冲泡后，香气清鲜，滋味醇爽，汤色橙黄，叶底黄明成朵。

（四）霍山黄芽

图 4-4 霍山黄芽

霍山黄芽产于安徽霍山，为唐代 20 种名茶之一，清代为贡茶，以后失传，现在的霍山黄芽是 20 世纪 70 年代初恢复生产的，主要产于佛子岭水库上游的大化坪、姚家畈、太阳河一带，其中以大化坪的金鸡坞、金山头、金竹坪和乌米尖，即“三金一乌”所产的黄芽品质最佳。

霍山黄芽形似雀舌，芽叶细嫩，多毫，色泽黄绿。冲泡后，香气鲜爽，有熟板栗香，滋味醇厚回甘，汤色黄绿清明，叶底黄亮嫩匀。

（五）温州黄汤

温州黄汤产于浙江泰顺、平阳、永嘉等地，品质以泰顺东溪和平阳北港所产为最好。温州黄汤始创于清代，至今已有 200 余年历史。它以香清高、味鲜醇、汤橙黄、茶成朵而畅销江南、华北、东北等地。

温州黄汤的条索细紧纤秀，色泽黄绿多毫。冲泡后，香气清新高锐，滋味鲜醇爽口，汤色橙黄明亮，叶底成朵匀齐。

（六）鹿苑毛尖

鹿苑毛尖产于湖北远安鹿苑寺，因而得名。鹿苑茶品质风格独特，香、味俱佳，被誉为湖北茶中之极品。清代乾隆年间（1736—1795 年）曾被选为贡茶。

鹿苑毛尖的外形条索呈环状，俗称“环子脚”，白毫显露，色泽金黄，略带鱼子泡。冲泡后，香气馥郁高长，滋味醇厚回甘，汤色黄净明亮，叶底嫩黄匀整。

学习笔记

（七）北港毛尖

北港毛尖产于湖南岳阳北港邕湖一带山地。据查，邕湖茶是唐代 10 种贡茶之一。相传当年文成公主出嫁入藏时，曾带去邕湖茶。此茶自唐至今，久负盛名，是历史名茶之一。

北港毛尖的外形芽壮叶肥，白毫显露。冲泡后，香气醇厚，汤色金黄，叶底明黄。

图 4-5 鹿苑毛尖

图 4-6 北港毛尖

学习笔记

（八）沩山毛尖

沩山毛尖产于湖南宁乡的大沩山，是我国古老的传统名茶。在制茶工艺中，最后采用枫木或香黄藤燃烧熏烟，从而使茶叶具有烟香。对一般的茶来说，凡茶叶具有烟味、焦味和腥气者，便认为此茶质量不好，但对毛尖来说，带有松烟香味，是质量上乘的标志。

沩山毛尖的外形叶缘卷成块状，白毫显露，色泽黄亮油润。冲泡后，松烟烟香浓厚，滋味醇甜爽口，汤色橙黄明亮，叶底黄亮嫩匀。

任务2 黄茶沏泡服务与品饮技巧

一、黄茶沏泡茶具与用具

黄茶的茶具与绿茶基本相同，有茶艺用具、茶仓、水方、玻璃杯、茶荷、随手泡等。

图 4-7　茶道组合

图 4-8　茶仓

图 4-9　水方

图 4-10　玻璃杯

图 4-11　茶荷

图 4-12　随手泡

学习笔记

二、黄茶的冲泡方法

黄茶的冲泡方法

操作步骤	操作示范	注意事项
1. 备具		准备无刻花透明玻璃杯（根据品茶人数而定）、茶仓、随手泡、茶荷、茶艺用具、茶巾、水方。

续表

操作步骤	操作示范	注意事项
2. 赏茶	 	用茶匙从茶仓中轻轻拨取适量茶叶入茶荷，供客人欣赏干茶外形。根据需要，可用简短的语言介绍一下即将冲泡的茶叶品质特征和文化背景，以引发品茶者的兴趣。
3. 洁具		将随手泡的热水依次倾入杯的1/3处，然后从左侧开始，左手捏住杯身，右手托杯底，轻轻旋转杯身，将杯中的开水依次倒入水方中。当面清洁茶具既是对客人的礼貌，又 可以让玻璃杯预热，避免正式冲泡时水温下降。
4. 置茶		用茶匙将茶荷中的茶叶一一拨入茶杯中待泡，每50毫升容量用茶1克。
5. 冲泡		将随手泡的热水注入杯中，使茶杯中的茶叶上下翻滚，有助于茶叶内含物质浸出，茶汤浓度达到上下一致。一般冲水入杯至七成满为止。
6. 奉茶		右手轻握杯身，左手托杯底，双手将茶送到客人面前，放在方便客人提取品饮的位置。茶杯放好后，向客人伸出右手，做出“请”的手势，或说“请品茶”。

三、黄茶的沏泡步骤及方法

黄茶的沏泡方法与绿茶的沏泡方法有些相似，注重观赏性，黄芽茶与名优绿茶相比，原料更加细嫩，因此，十分强调茶的沏泡技术和程度。以黄茶的代表君山银针为例，冲泡程序如下：

学习笔记

第一步：问好。

大家好，今天由我为您做茶。

第二步：介绍茶具。

主要使用的有茶道组合、茶仓、玻璃杯、茶荷、水方、随手泡。

第三步：温杯。

温杯的目的在于提高杯子的温度，在稍后放入茶叶冲泡热水时，不致冷热悬殊。

第四步：盛茶。

将茶叶拨置茶荷中。

第五步：赏茶。

今天为大家沏泡的是君山银针。请赏茶。

第六步：置茶。

置茶时要均匀、适量。

第七步：冲水。

冲水至杯的七分满。

第八步：奉茶。

第九步：结束。

做茶完毕，谢谢大家。

学习笔记

四、黄茶的品饮技巧

黄茶类中君山银针的品饮最具代表性。君山银针为单芽制作，在品饮过程中突出对杯中茶芽的欣赏，可以说君山银针是一种以赏景为主的特种茶。

刚冲泡的君山银针是横卧水面的。当盖上玻璃盖片后，茶芽吸水下沉，芽尖产生气泡，犹如雀舌含珠。继而茶芽个个直立杯中，似春笋出土，如刀枪林立。接着沉入杯底的直立茶芽，少数在芽尖气泡的浮力作用下再次浮升。如此上下沉浮，此景犹如人生经历几起几落。打开玻璃盖片，一缕白雾从杯中冉冉升起，缓缓消失，此时端起茶杯，顿觉清香袭鼻。闻香之后，自然就是品茶尝味了。君山银针的茶汤口感醇和、鲜爽、甘甜，别有一番滋味在心头。

拓展阅读

1. 泡茶用水的选择

（1）如何选择泡茶用水

泡茶用水虽以泉水为佳，但溪水、江水与河水等长年流动之水，用来沏茶也并不逊色。

井水属地下水，是否适宜泡茶，不可一概而论。有些井水，水质甘美，是泡茶好水，如北京故宫博物院文华殿东传心殿内的“大庖井”，曾经是皇宫里的重要饮水来源。一般说，深层地下水有耐水层的保护，污染少，水质洁净；浅层地下水易被地面污染，水质较差。城市里的井水，受污染多，多咸味，不宜泡茶；而农村井水，受污染少，水质好，适宜泡茶。湖南长沙市内著名的“白沙井”，水是从砂岩中涌出的清泉，水质好，而且终年长流不息，取之泡茶，香、味俱佳。

雨水和雪水被古人誉为“天泉”。用雪水泡茶，一向就被重视。雨水一般比较洁净，但因季节不同而有很大差异。秋季，天高气爽，尘埃较少，雨水清冽，泡茶滋味爽口回甘；梅雨季节，和风细雨，有利于微生物滋长，泡茶水质较差；夏季雷阵雨，常伴飞沙走石，水质不净，泡茶茶汤浑浊，不宜饮用。

在选择泡茶用水时，还必须了解水的硬度和茶汤品质的关系。天然水可分硬水和软水两种：凡含有较多量的钙、镁离子的水称为硬水；不含或只含少量钙、镁离子的水称为软水。如果水的硬性是由含有碳酸钙或碳酸氢镁引起的，这种水称暂时硬水。暂时硬水通过煮沸，所含碳酸氢盐能分解，生成不溶性的碳酸盐而沉淀，这样硬水就变为软水了。1 升水中含有碳酸钙 10 毫克的称为硬度 1 度。硬度 0～10 度的为软水，10 度以上的为硬水。通常饮用水的总硬度不超过 25 度。

自来水一般都是经过人工净化、消毒处理过的江河湖水。凡达到我国国家卫生健康委制定的《生活饮用水卫生标准》的自来水，都适于泡茶。但有时自来水中用过量氯化物消毒，气味很重，用它泡茶，严重影响品质。为了消除氯气，可将自来水储存在缸中，静置一昼夜，待氯气自然逸失，再用来煮沸泡茶，效果大不一样。所以，经过处理后的自来水也是比较理想的泡茶用水。

总之，在茶艺中，泡茶用水是一个重要项目，它不仅要合于物质之理、自然之理，还包含着中国茶人对大自然的热爱和高雅的审美情趣。

学习笔记

学习笔记

（2）中国名泉介绍

我国泉水资源极为丰富，其中比较著名的就有百余处之多。镇江中冷泉、无锡惠山泉、苏州观音泉、杭州虎跑泉和济南趵突泉是当今中国的五大名泉。

图 4-13　镇江中冷泉

图 4-14　无锡惠山泉

图 4-15　苏州观音泉

图 4-16　杭州虎跑泉

图 4-17　济南趵突泉

曾有茶叶专家用烧开的杭州虎跑泉水、雨水、西湖水、自来水、井水，分别冲泡龙井茶、工夫红茶和炒青绿茶，审品各种水质对茶叶香气、滋味、汤色的影响。结果以虎跑泉水最好，雨水次之，西湖水第三，井水最差。当时所用的自来水因漂白粉的气味使茶叶变味，损害了茶汤的鲜爽度，所泡出来的茶不堪饮用。有关水质和茶汤品质关系的研究，从水的硬度、酸碱度、电导率等方面的分析和泡茶后的审评，都表明泉水泡茶最好。泉水比较清爽，杂质少，透明度高，污染少，水质最好。但是由于水源和流经途径不同，其溶解物、含盐量与硬度等均有很大差异，因此并不是所有泉水都是优质的。

关于泉水，古人有天泉、地泉之说。天泉是指雨水和雪水；地泉是指山水、江水、井水。

茶学专家不仅重视泉水，也对江水、井水、山水十分注重。因为，泉水资源很少，应该因地制宜，学会对江水、井水、山水的“养水”。如取大江之水，应在上游、中游植被良好幽静之处，夜间取水，置入缸中，左右旋搅；三日后，自缸心轻轻舀入另一空缸，至七八分即将原缸渣水沉淀皆倾去。如此，搅拌、沉淀、取舍三遍，即可以准备烹茶了。这是天然水的保养法。

2. 茶具介绍

茶好、水灵、具佳，一向珠联璧合，为饮茶者所追求。善于饮茶的人，都必定讲究茶具。

（1）茶具的种类

①陶土茶具

陶土是新石器时代的重要发明，经历了从粗糙的土陶、坚实的硬陶到表面敷釉的釉陶的发展过程。

紫砂陶艺茶具中的佼佼者首推宜兴紫砂茶具。紫砂茶具早在北宋初期就已经崛起，并在明代大为流行。紫砂壶和一般陶器不同，其里外都不敷釉，采用当地矿产紫砂烧制而成。由于成陶火温较高，烧结密致，胎质细腻，既不渗漏又有肉眼看不到的气孔，经久使用还能吸附茶汁，蕴蓄茶味，且传热不快，不致烫手，若热天盛茶，不易酸馊，即使冷热剧变，也不会破裂。紫砂茶具还有造型简练大方、色调淳朴古雅的特点。

明代张岱说过一段话：紫砂壶是泥沙做的，一把壶才五六分银子，价格与泥沙和壶的重量相等。可是一把壶能够和商周时代珍贵的青铜鼎器并肩陈列，一点也不觉得有什么不应该，那是壶的艺术价值决定的。这段话说出了物质形态和艺术内涵的价值观。因此，在说到紫砂茶具时，就不应局限在“具”这个字上。它的美还在于壶泥、壶色、壶形、壶款、壶章、题铭、绘画、书法、雕刻、篆刻等方面。如果将紫砂壶作为商品，它比不过黄金，可是将其作为恒久的艺术品，黄金为之色黯。

明代嘉靖、万历年间，先后出现了两位卓越的紫砂工艺大师——供春（龚春）和他的徒弟时大彬。供春的制品被称为“供春壶”，其造型新颖精巧，质地薄而坚实，被誉为“供春之壶，胜

学习笔记

如金玉”。时大彬的作品，突破了师傅传授的格局而多做小壶，将其点缀在精舍几案之上，更加符合饮茶品茗的趣味。因此当时就有“千奇万状信手出，宫中艳说大彬壶”的诗句。

清代紫砂茶具，在前人的基础上更有发展，其中以清初陈鸣远和嘉庆年间杨彭年制作的茶壶尤为驰名。陈鸣远制作的茶壶，线条清晰，轮廓明显，壶盖有行书“鸣远”印章，至今视为珍藏。杨彭年的制品，雅致玲珑，不用模子，随手捏成，天衣无缝，被人推为“当世杰作”。当时江苏溧阳知县陈曼生，癖好茶壶，工于诗文、书画、篆刻，特意到宜兴和杨彭年配合制壶。陈曼生设计，杨彭年制作，再由陈氏镌刻书画，其作品称为“曼生壶”，一直为鉴赏家们所珍藏。清代宜兴紫砂壶形和装饰变化多端，千姿百态，在国内外深受欢迎。当时我国闽南、潮州一带煮泡工夫茶使用的小茶壶，几乎全为宜兴紫砂茶具。17 世纪，中国的茶叶和紫砂壶由海路传到西方，西方人称之为“红色瓷器”。

自供春后，相继出现的制壶大师有明万历的董翰、赵梁、文畅、时明“四大名家”；后有时大彬、李仲芳和徐友泉称为“三大妙手”；清代有陈鸣远、杨彭年和邵大亨、惠孟臣、陈曼生等人；近代有顾景舟、王寅春、徐汉棠、裴石民、朱可心、蒋蓉、吕尧臣等人。他们的作品如下图所示。

学习笔记

图 4-18　供春壶

图 4-19　时大彬的壶

图 4-20　徐友泉的壶

图 4-21　惠孟臣的壶

图 4-22　陈鸣远的壶

图 4-23　杨彭年的壶

图 4-24　邵大亨的壶

图 4-25　王寅春的壶

图 4-26　朱可心的壶

图 4-27　顾景舟的壶

图 4-28　蒋蓉的壶

紫砂可以制成茶壶，也可以制成其他茶具，如品茗杯、闻香杯、水方、壶承等辅助茶具，如下图所示。

②瓷器茶具

唐代饮茶之风盛行，促进了茶具生产的相应发展，全国许多地方的瓷业都很兴旺，形成了一批以生产茶具为主的著名窑场。

学习笔记

图 4-29　紫砂茶仓

图 4-30　紫砂水方

a. 白瓷茶具

白瓷早在唐代就有“假玉石”之称。白瓷茶具以江西景德镇为最著名，其次如湖南醴陵、河北唐山、安徽祁门的白瓷茶具等也各具特点。

图 4-31　白瓷茶具

有瓷都之称的景德镇在北宋时生产的瓷器，质薄光润，白里泛青，雅致悦目，并有影青刻花、印花和褐色点彩装饰。到了元代，景德镇因烧制青花瓷而闻名于世，还远销国外，在日本，名为“珠光青瓷”。明朝时，在青花瓷的基础上，又创造了各种彩瓷，产品造型精巧，胎质细腻，色彩鲜艳，画意生动，被视同拱璧，十分名贵，畅销海外，国际上誉我国为“瓷器之国”。清代各地制瓷名手云集景德镇，我国制瓷技术又有不少创新。到雍正时，珐琅彩瓷茶具胎质洁白，通体透明，薄如蛋壳，已达到了不见胎骨的完美程度。当时珐琅彩瓷茶具只供宫中享用，民间绝少流传。这种瓷器对着光可以从背面看到胎面上的彩绘花纹图，制作之巧，令人惊叹。

b. 青瓷茶具

青瓷茶具从晋代开始发展，那时青瓷的主要产地在浙江。浙江西南部龙泉市境内，生产的龙泉青瓷以造型古朴挺健，釉色翠青如玉著称于世，是瓷器中的一颗璀璨明珠。南宋时，龙泉已成为全国最大的窑业中心，其优良产品不但成为当代珍品，也是当时对外交换的主要物品，特别是造瓷艺人章生一、章生二兄弟俩的“哥窑”“弟窑”，继越窑有发展，学官窑有创新，因而产量、质量突飞猛

图 4-32　青瓷茶具

学习笔记

进，无论釉色或造型都达到了极高造诣。哥窑瓷，胎薄质坚，釉层饱满，色泽静穆，有粉青、翠青、灰青、蟹壳青等颜色，以粉青最为名贵。弟窑瓷，造型优美，胎骨厚实，釉色青翠，光润纯洁，有梅子青、粉青、豆青、蟹壳青等颜色，以粉青、梅子青最佳。

因此，哥窑被列为五大名窑（官窑、哥窑、汝窑、定窑、钧窑）之一，弟窑亦被誉为名窑之巨擘。

c. 黑瓷茶具

宋代福建斗茶之风盛行，斗茶者们根据《茶经》认为建宝窑所产的黑瓷茶盏用来评茶最为适宜，因而驰名。这种黑瓷兔毫茶盏，风格独特，古朴雅致，而且瓷质厚重，保温性能较好，故为斗茶行家所珍爱。浙江余姚、德清一带也曾出现过漆黑光亮、美观实用的黑釉瓷茶具，最流行的是一种鸡头壶，即茶壶的嘴是鸡头状，日本东京国立博物馆至今还存有一件，名叫“天鸡壶”，被视作珍宝。

图 4-33 黑瓷茶具

学习笔记

③漆器茶具

图 4-34 漆器茶具

漆器茶具始于清代，主要产于福建福州一带。福州生产的漆器茶具多姿多彩，有“金丝玛瑙”“宝砂闪光”“釉变金丝”“仿古瓷”“雕填”等品种，特别在融合了红如宝石的“赤金砂”和“暗花”等新工艺以后，更加鲜丽夺目。

④玻璃茶具

在现代，玻璃器具有很大的发展。玻璃质地透明，光泽夺目，外形可塑性大，形态各异，用途广泛。玻璃杯泡茶，可看到茶汤的鲜艳色泽，茶叶的细嫩柔软。看茶叶在整个冲泡过程中上下穿

图 4-35 玻璃茶具

动，叶片逐渐舒展等，可说是欣赏一种动态的艺术。特别是冲泡各类名茶时，茶具晶莹剔透，杯中轻雾缥缈，澄清碧绿，芽叶朵朵，亭亭玉立，令人观之赏心悦目，别有一番情趣。玻璃茶具的缺点是容易破碎，传热快，易烫手。

⑤金属茶具

我国除有上述茶具以外，历史上还有用金、银、铜、锡等金属制作的茶具。锡作为储茶器具材料有较大的优越性。锡罐多制成小口长颈，盖为筒状，密封性好，因此对防潮、防氧化、防光、防异味都有比较好的效果。

人们一般对金属泡茶用具的评价不高。到了现代，金属茶具已基本没有什么实用价值了，但外观比较美观，有一定的观赏性。

图 4–36　金属茶具

⑥竹木茶具

在历史上，包括产茶区在内的很多人都使用竹或木碗泡茶，它物美价廉，经济实惠，但现代已很少采用。

中国历史上还有用玉石、水晶、玛瑙等材料制作茶具的，因为这些器具制作困难，价格高昂，并无多大实用价值，主要作为摆设、装饰。

图 4–37　竹木茶具

（2）茶壶小常识

①茶与壶的搭配

选择适当的茶具是泡好茶的关键因素。一般至少需要准备两

学习笔记

把壶，因茶叶的不同而需要选择不同的壶。

重香气的茶叶要选择硬度较大的壶来泡。绿茶类、轻发酵的包种茶类是比较重香气的茶，如龙井、碧螺春、文山包种茶、香片及其他嫩芽茶叶等，都适合硬度较高的壶，如瓷壶、玻璃壶等。

重滋味的茶要选择硬度较低的壶来泡。乌龙茶类是比较重滋味的茶，如铁观音茶、水仙、单枞等。其他如外形紧结、枝叶粗老的茶，以及普洱茶、老茶等，都应选择陶壶、紫砂壶来冲泡。

绿茶

茶具：高档绿茶宜用玻璃杯或玻璃壶，普通绿茶则可用里面为纯白的瓷质茶具，以个人杯组为宜。

置茶量：150 毫升泡茶用水加 3 克茶叶，炒青绿茶可冲泡 2~3 次，蒸青绿茶则冲泡 2 次。

水温：80℃左右。

黄茶

茶具：用玻璃杯比较适宜。

置茶量：150 毫升泡茶用水加 3 克茶叶，可冲泡 1 次。

水温：80~90℃。

乌龙茶

茶具：用紫砂壶比较适宜，也可用盖碗，搭配瓷杯。

置茶量：150 毫升泡茶用水加 3 克茶叶，或置壶的 1/3~1/2，可冲泡 6~8 次。

水温：90℃以上。

白茶

茶具：用玻璃杯比较适宜。

置茶量：150 毫升泡茶用水加 3 克茶叶，一般冲泡 1 次。

水温：90℃。

红茶

茶具：纯白瓷器，也可用玻璃壶，搭配白瓷杯或玻璃小杯。

置茶量：条形红茶为 150 毫升泡茶用水加 3 克茶叶，碎形红茶的茶叶量应稍减，如加入冰块或其他物品调味，用量约增 10%。条形红茶可冲泡 2~3 次，碎形红茶只能冲泡 1 次。

水温：80~90℃。

花茶

茶具：用盖碗比较适宜，或者透明的玻璃壶。

置茶量：150 毫升泡茶用水加略少于 3 克茶叶，可冲泡 3 次。

水温：80~90℃。

学习笔记

普洱茶

茶具：用紫砂壶或陶壶比较适宜。

置茶量：150 毫升泡茶用水加 3 克茶叶，熟普可冲泡 15 次左右。

水温：90℃以上。

②壶的各部分名称

图 4-38 壶各部分名称

学习笔记

③如何选购一把实用壶

第一，先看看这把壶是否适用。

第二，是否水流如注。

第三，壶盖是否密合，大小是否得宜。

第四，壶的各部分是否有缺损。

第五，壶盖及壶身是否同一组件。

第六，触感是否舒服。

④如何养壶

第一，新壶买来后放在小锅中，放置茶叶，加上水温火煮大约 40 分钟，再泡 8 小时左右取出用水洗净。

第二，每次泡茶时，内外须以热水（茶水）浇冲，泡完茶后在 1 小时之内用热水清理干净。

第三，干燥的壶经常以棉布（养壶巾）擦拭保养。

第四，平时将壶拿在手中把玩。

第五，养壶需要六颗心：诚心、耐心、专心、爱心、热心、恒心。

3. 君山银针的小典故

湖南省洞庭湖的君山出产银针名茶，据说君山茶的第一颗种子还是四千多年前唐尧的两个女儿娥皇、女英播下的。后唐的第二个皇帝明宗李嗣源第一回上朝的时候，侍臣为他捧上杯沏茶，开水向杯里一倒，马上看到一团白雾腾空而起，慢慢地出现了一只白鹤。这只白鹤对明宗点了三下头，便朝蓝天翩翩飞去了。再往杯子里看，杯中的茶叶都齐崭崭地悬空竖了起来，就像一群破土而出的春笋。过了一会儿，又慢慢下沉，就像是雪花坠落一般。明宗感到很奇怪，就问侍臣是什么原因。侍臣回答说："这是君山的白鹤泉（即柳毅井）水，泡黄翎毛（即银针茶）的缘故。"明宗心里十分高兴，立即下旨把君山银针定为"贡茶"。君山银针冲泡时，茶芽立悬于杯中，极为美观。

4. 学习茶艺的意义

茶艺既是古老的，又是现代的，更是未来的，她的生命力是旺盛的。当代茶艺的发展方兴未艾，因为茶艺本身是以中华民族五千年灿烂文化内涵为底蕴的。

作为中国人，弘扬中华文化对我们来说是责无旁贷的。茶艺是我们中华民族的瑰宝，更应屹立于世界，我们应该通过学习达到以下四个目的。

（1）净化心灵

茶原本生长在大森林下层，"没有树高，没有花香"。她耐得阴苦，不出风头，紧紧和大地拥抱在一起，是随和自然的常绿植物。茶作为一种物质而存在，不管是药用、食用还是饮用，都能满足人们的物质需要。

"茶"字由草、木、人三部分组成。茶叶作为祭品、图腾，显然是种精神寄托与信仰的满足。唐代陆羽《茶经》说："茶宜精行俭德之人。"唐代韦应物的茶诗《喜园中茶生》说："洁性不可污，为饮涤尘烦……此物信灵味……得与幽人言。"宋代苏东坡直截了当地说："从来佳茗似佳人。"清代郑板桥说："只和高人入茗杯。"茶品、人品被相提并论。

研习茶艺、品茶、评茶，往往能够使人进入忘我的境界，从而远离尘嚣，远离污染，给身心带来愉悦。茶洁净淡泊，朴素自然，茶味无味，乃至味也。茶耐得寂寞，自守无欲，与净静相依。

儒家推崇仁、义、礼、智、信，讲求自我修养，慎独自重，胸怀大志，标高树远，可以为不淡泊而忍受淡泊，为不寂寞而耐得寂寞。潜心茶艺，保持一个良好的心态，这无疑是茶对人们的启示，也为心灵的航行增添了一座灯塔。

（2）美化人生

茶艺是现代时髦的休闲活动，因为它能促使人身心健康。

第一，茶是最好的保健饮料，养成饮茶的习惯能让人精神愉快，维护身体健康，这是人们几千年来的经验。

学习笔记

第二，饮茶能使人振奋精神，广开思路，消除身心的疲劳，保持旺盛的活力。

第三，参加茶艺活动能够使人规范自己的行为，养成良好的习惯，提高生活品质。

第四，以茶入菜，以茶佐菜，可发挥茶的美味营养功效，增添饮食的多样化和生活情趣。

茶对于人体的健康有很多好处，现在人们为了从茶叶中获得更多对人体有益的营养和药效，正在开展茶叶的综合利用，如红茶菌、益寿茶、保健茶等。这些产品的开发，为茶艺事业的发展开辟了更为广阔的空间。饮茶康乐，有健康的身心，人生才能美丽。

（3）善化社会

在茶艺这门艺术之中，人们可以寻求探索很多东西，因为茶艺涵盖面甚广，涉及学问精深，每一位茶人都必须了解掌握多层面、深层次的科学知识。

从人的方面来说，茶人既不是工人、农民，也不是商人，更不是服务员。茶人应当是一位真正博学的学者；是哲学家、思想家；是一位既会当工人，又会当农民，更会当商人，还会做服务员的哲学家。因此，茶人应是一位既有学识教养，又有道德的令人尊敬的高尚人士。这就是茶艺事业对茶人的要求。

今天，人人追求美满的家庭和美丽的人生。这一切都可以从茶艺开始。

学茶艺的目的，就是以严格的规范，促使一个人的思想以高尚和文雅的方式表现在行为上，建立和谐的社会。

（4）文化世界

“茶是和平的饮料”，茶能净化心灵，美化人生，善化社会。因此，以茶为“道”，就是以茶为生活的路。茶道就是生活之道，是生活的一部分。茶道能化解鸿沟，使人与人心灵相通，使人从生活的庸俗中走出来，代之以美感、价值感和充实感，化解暴力冲突，引导人们走向和平、理性、文化的世界，促进世界大同。

学习笔记

评价标准

黄茶的沏泡实训评价表

姓名： 分数：

<table>
<tr><th>项目</th><th colspan="2">具体评分标准</th><th>应得分</th><th>实得分</th></tr>
<tr><td rowspan="3">准备茶具</td><td colspan="2">1. 茶具整齐干净、沏泡用具齐全</td><td>3</td><td></td></tr>
<tr><td colspan="2">2. 茶桌上各种物品按规定摆放整齐</td><td>3</td><td></td></tr>
<tr><td colspan="2">3. 将适当的纯净水注入随手泡</td><td>3</td><td></td></tr>
<tr><td rowspan="2">表演前向客人问好</td><td colspan="2">1. 声音清脆、口齿清楚、向客人点头问好</td><td>3</td><td></td></tr>
<tr><td colspan="2">2. 打开煮水器</td><td>3</td><td></td></tr>
<tr><td rowspan="7">介绍茶具</td><td colspan="2">1. 茶道组合</td><td>3</td><td></td></tr>
<tr><td colspan="2">2. 玻璃杯</td><td>3</td><td></td></tr>
<tr><td colspan="2">3. 水方</td><td>3</td><td></td></tr>
<tr><td colspan="2">4. 茶仓</td><td>3</td><td></td></tr>
<tr><td colspan="2">5. 茶巾</td><td>3</td><td></td></tr>
<tr><td colspan="2">6. 茶荷</td><td>3</td><td></td></tr>
<tr><td colspan="2">7. 随手泡</td><td>3</td><td></td></tr>
<tr><td rowspan="12">操作步骤及解释</td><td rowspan="3">1. 温杯</td><td>①左手拿随手泡，将开水倒至杯中1/3处</td><td>5</td><td></td></tr>
<tr><td>②右手拿杯将温杯的水倒入茶船中</td><td>5</td><td></td></tr>
<tr><td>③介绍玻璃杯泡法</td><td>5</td><td></td></tr>
<tr><td>2. 置茶</td><td>用茶则盛茶叶拨置茶荷中</td><td>5</td><td></td></tr>
<tr><td>3. 赏茶</td><td>双手拿起茶荷请客人观赏，并介绍茶叶名称</td><td>5</td><td></td></tr>
<tr><td>4. 茶叶拨置杯中</td><td>茶叶量均匀</td><td>5</td><td></td></tr>
<tr><td>5. 冲水</td><td>七分满</td><td>6</td><td></td></tr>
<tr><td rowspan="2">6. 介绍茶叶</td><td>①产地</td><td>10</td><td></td></tr>
<tr><td>②特点</td><td>10</td><td></td></tr>
<tr><td>7. 奉茶</td><td>双手奉上</td><td>4</td><td></td></tr>
<tr><td>8. 结束</td><td>点头向客人示意</td><td>4</td><td></td></tr>
<tr><td colspan="4"></td></tr>
<tr><td>操作时间</td><td colspan="2">分 秒</td><td>超时扣分</td><td></td></tr>
<tr><td>老师签字</td><td colspan="4"></td></tr>
</table>

说明：

1. 评分表共有四大项，评分时需在失误项目后填写扣分情况。
2. 采取全程计时，总成绩按操作时间和总计得分综合评定。

学习笔记

综合练习

根据你掌握的黄茶的冲泡技巧用玻璃杯冲泡一杯温州黄汤，并记录以下相关内容。

茶具的准备：

水温的要求：

冲泡时间：

冲泡方法：

香气、滋味：

自我评价：

学习笔记

第五单元

白茶沏泡服务

学习目标

本单元应该了解的知识

白茶的特点

白茶的制作加工过程

白茶中的名品

少数民族的饮茶习俗

本单元应该掌握的技能

认识沏泡白茶的茶具

掌握沏泡白茶的步骤及方法

任务1 认识白茶

白茶素为茶中珍品，历史悠久，其清雅芳名的出现，迄今已有880余年了。白茶素有“银妆素裹”之美感，且芽头肥壮，汤色黄亮，滋味鲜醇，叶底嫩匀。白茶还具有外形芽毫完整，或形态自如花朵，满身披毫，毫香清鲜，汤色清中显绿，滋味清淡回甘的品质特点。冲泡后品尝，滋味鲜醇可口。

一、白茶的特点

白茶是我国特产，属轻微发酵茶。它对茶树鲜叶原料有特殊要求，即要求嫩芽及其以下1~2片嫩叶都满披白毫，这样采制而成的茶叶外表满披白色茸毛，使其色白隐绿，汤色浅淡，滋味醇和。

白茶的主要品种有银针、白牡丹、贡眉、寿眉等。尤其是白毫银针，全是披满白色茸毛的芽尖，形状挺直如针，在众多的茶叶中，它是外形最优美者之一，令人喜爱。白茶汤色浅黄，鲜醇爽口，饮后令人回味无穷。

学习笔记

二、白茶的生产制作

白茶的制作工艺，一般分为萎凋、干燥两道工序，而其关键在于萎凋。白茶制法的特点是既不破坏酶的活性，又不促进氧化作用，且保持毫香显现，汤味鲜爽。

（一）采摘鲜叶

一般采摘茶树的一芽一叶、两叶为原料。

（二）萎凋

萎凋要求严格，不能重叠，不能翻拌。

萎凋分为室内萎凋和室外萎凋两种。要根据气候灵活掌握，以春秋晴天或夏季不闷热的晴朗天气，采取室内萎凋或复式萎凋为佳。

（三）干燥

白茶精制工艺是在剔除梗、片、蜡叶、红张、暗张之后，以文火进行烘焙至足干，只宜以火香衬托茶香，待水分含量为4%～5%时，趁热装箱。

三、白茶的主要名品

白茶主要品种有白毫银针、白牡丹。采自大白茶树的肥芽制成的白茶称为“白毫银针”，因其色白如银，外形似针而得名，是白茶中最名贵的品种。其香气清新，汤色淡黄，滋味鲜爽，是白茶中的极品。而采自菜茶（福建茶区对一般灌木茶树之别称）品种的短小芽片和大白茶片叶制成的白茶，称为“贡茶”和“眉茶”。贡茶的品质优于眉茶。白牡丹因其绿叶夹银白色毫心，形似花朵，冲泡后绿叶托着嫩芽，宛如蓓蕾初放，故得美名。白牡丹是采自大白茶树或水仙中的短小芽叶新梢的一芽一二叶制成的，是白茶中的上乘佳品。

（一）白毫银针

图 5-1 白毫银针

白毫银针产于福建福鼎、政和等地，始于清代嘉庆年间（1796—1820 年），简称银针，又称白毫，当代则多称白毫银针。但它不同于宋代的白茶和现代的凌云白毫（属绿茶类）、君山银针（属黄茶类）等茶。

白毫银针的外形挺直如针，芽头肥壮，满披白毫，色白如银。此外，因产地不同，品质有所差异。产于福鼎的，芽头茸毛厚，色白有光泽，汤色呈浅杏黄色，滋味清鲜爽口；产于政和的，滋味醇厚，香气芬芳。白毫银针在制造时，未经揉捻破碎茶芽细胞，所以冲泡时间比一般绿茶要长些，否则不易浸出茶叶汁。

（二）白牡丹

白牡丹产于福建政和、建阳、松溪、福鼎等地，它以绿叶夹银色白毫芽，形似花朵，冲泡后，绿叶托着嫩芽，宛若蓓蕾初绽而得名。于 20 世纪 20 年代首创于建阳水吉，现主销港澳地区及东南亚等地。

图 5-2 白牡丹

白牡丹的外形不成条索，似枯萎花瓣，色泽灰绿或暗青苔色。冲泡后，香气芬芳，滋味鲜醇，汤色杏黄或橙黄，叶底浅灰，叶脉微红，芽叶连枝。

（三）寿眉

寿眉主产于福建建阳、建瓯、浦城等地。贡眉多由菜茶芽采制

学习笔记

图 5-3 寿眉

而成，主销港澳地区。

寿眉的外形芽心较小，色泽灰绿带黄。冲泡后，香气鲜纯，滋味清甜，汤色黄亮，叶底黄绿，叶脉泛红。

四、新白茶与老白茶

近几年非常流行喝老白茶，那么新白茶和老白茶到底有什么区别呢?

(一) 外形及茶香

新白茶一般是指当年的明前春茶，茶叶呈褐绿色或灰绿色，且满布白毫。尤其是阳春三月采制的白茶，叶片底部以及顶芽的白毫，都比其他季节所产的丰厚。所以好的白茶一定会带着毫香，而且还会夹杂着清甜香以及茶青的味道。

老白茶整体看起来呈黑褐色，略显暗淡，但依然可以从茶叶上辨别出些许白毫，而且可以闻到阵阵陈年的幽香，毫香浓重但不浑浊。老白茶有散茶和饼茶之分。

(二) 茶汤

新白茶毫香明显，滋味鲜爽，口感较为清淡，而且有茶青味，清新宜人。老白茶在茶汤颜色上要深、呈琥珀色。香气清幽略带毫香，头泡带有淡淡的中药味，口感醇厚清甜。

(三) 耐泡程度

新白茶可以根据个人习惯冲泡，一般可以冲泡六泡左右。

老白茶是非常耐泡的，在普通泡法下可达二十余泡，而且到后面仍然滋味尚佳。有条件老白茶可以用来煮，风味独特。

学习笔记

任务2 白茶沏泡服务与品饮技巧

一、白茶沏泡茶具与用具

白茶沏泡茶具与用具主要有茶道组合、茶仓、水方、壶承、盖碗、公道杯、品茗杯、茶荷、茶垫、随手泡等，如下图所示。

图 5-4　茶道组合

图 5-5　茶仓

图 5-6　水方

图 5-7　壶承

图 5-8　盖碗

图 5-9　公道杯

图 5-10　品茗杯

图 5-11　茶荷

图 5-12　茶垫

图 5-13　随手泡

学习笔记

二、白茶的冲泡方法

白茶的冲泡方法

操作步骤	操作示范	注意事项
1. 备具		准备无刻花透明玻璃杯（根据品茶人数而定）、茶仓、随手泡、茶荷、茶艺用具、茶巾、水方。
2. 赏茶		用茶匙从茶仓中轻轻拨取适量茶叶入茶荷，供客人欣赏干茶外形。根据需要，可用简短的语言介绍一下即将冲泡的茶叶品质特征和文化背景，以引发品茶者的兴趣。
3. 洁具	 	依次倾入 1/3 杯的开水，然后从左侧开始，左手捏住杯身，右手托杯底，轻轻旋转杯身，将杯中的开水依次倒入水方。当面清洁茶具既是对客人的礼貌，又可以让玻璃杯预热，避免冷热悬殊。
4. 置茶		用茶匙将茶荷中的茶叶一一拨入茶杯中待泡。每 50 毫升容量用茶 1 克。
5. 冲泡		高冲注水，使茶杯中的茶叶上下翻滚，有助于茶叶内含物质浸出，茶汤浓度达到上下一致。一般冲水入杯至七成满为止。
6. 奉茶		右手轻握杯身（注意不要捏杯口），左手托杯底，双手将茶送到客人面前，放在方便客人提取品饮的位置。茶放好后，向客人伸出右手，做出“请”的手势，或说“请品茶”。

学习笔记

三、白茶的沏泡步骤与方法

第一步：问好。

大家好，今天由我为您做茶。

第二步：介绍茶具。

主要使用的有茶道组合、茶仓、水方、壶承、盖碗、公道杯、品茗杯、茶荷、茶垫、随手泡。

第三步：摆放茶垫、翻杯。

第四步：温盖碗。

目的是稍后放入茶叶冲泡热水时，不致冷热悬殊。

第五步：温杯。

第六步：赏茶。

今天为大家冲泡的是白牡丹。

第七步：置茶。

将茶叶拨置盖碗中。

第八步：冲水。

第九步：介绍茶的特点。

第十步：斟茶。

分茶入杯。

第十一步：奉茶。

第十二步：结束。

做茶完毕，谢谢大家。

四、白茶的品饮技巧

白茶的品饮方法较为独特，这是因为白茶在加工时未经揉捻，茶汁不易浸出，所以冲泡时间较长。冲泡开始时，芽叶都浮在水面，经五六分钟后，部分茶芽沉落杯底，此时茶芽条条挺直，上下交错，犹如雨后春笋，甚是好看。大约 10 分钟后，茶汤呈橙黄色。此时，方可端杯边观赏，边闻香，边品尝。如此品茶，尘俗尽去，意趣盎然。

学习笔记

拓展阅读

1. 少数民族饮茶习俗

饮茶习俗是指日常饮茶的习惯和风俗。人们常说："开门七件事，柴、米、油、盐、酱、醋、茶。"可见，茶在我们日常生活中的重要地位。

茶树源于我国，所以中国人最懂得饮茶时的真趣，也最讲究饮茶的艺术。茶各具特色，人各有所好，不同地域、不同国家人民的饮茶习俗固然不同，同一国家内不同民族、同一民族中不同地区，乃至同一地区不同人群之间，对茶的爱好也各有千秋。但不同国家、不同地区、不同民族之间，都具有独特的大众饮茶风尚。一种风尚的形成，绝非一日之功，所以，不同的饮茶习俗，可以说是各国、各族人民在长期饮茶过程中逐渐形成的风俗习惯，与各国的政治经济、地理环境和文化艺术都密切相关。

学习笔记

（1）藏族的酥油茶

喝酥油茶是藏族同胞一种独特的风尚。西藏地处高原，气候寒冷干燥，那里的居民以肉食为主，果菜甚少。因此，人体不可缺少的维生素等营养成分，主要靠茶叶来补充。

图 5-14 藏族的酥油茶

酥油茶是一种在茶汤中加入酥油等原料，再经特殊方法加工成的茶。酥油是把牛奶或羊奶煮沸，用勺搅拌，倒入竹桶内，冷却后凝结在溶液表面的一层脂肪。制酥油茶的茶叶一般选用紧压茶类中的普洱茶、金尖等。打酥油茶用的茶筒的材料多为铜质，也有用银质的。而盛酥油茶用的茶具多为银质，也有用黄金加工而成的。茶碗虽以木碗为多，但常常是用金、银或铜镶嵌而成，也有用翡翠制成的。用翡翠制成的华丽而又昂贵的茶具，常被看作是传家之宝。而不同等级的茶具，又是人们财产拥有程度的标志。

由于酥油茶是以茶为主料的多种原料混合而成的，其滋味多样，喝起来涩中带甘，咸里透香。它既可暖身，又能增加抗寒力，可谓风格独特。

酥油茶对于藏族人民有着极重要的意义，不论男女老少，达到人人皆饮的程度，每天喝茶多达 20 碗，很多人家常把茶壶放在炉上，终日熬煮，以便随取随喝。在西藏一些大的佛寺里，往往备有一个特大的茶锅，锅口直径达1.5米以上，可容数担茶水。在朝拜时煮水熬茶，供香客取喝，算是佛门的一种施舍。在男婚女嫁时，藏族兄弟视茶为珍贵礼品，它象征婚姻美满和幸福。

（2）蒙古族的咸奶茶

蒙古族人民喜欢喝茶、牛羊奶、盐巴一道煮沸而成的咸奶茶。蒙古族同胞喝的咸奶茶，用的多为青砖茶和黑砖茶，并用铁锅烹煮，这一点与藏族打酥油茶时用茶壶的方法不同。但是，烹煮时，都要加入牛奶，习惯于“煮茶”，这一点又是相同的。这是由于高原气压低，水的沸点在100℃以内，加上砖茶不同于散茶，质地紧实，用开水冲泡，很难将茶汁浸出来。

蒙古族妇女都练就了一手烹煮咸奶茶的功夫，可谓个个都是煮茶能手。从姑娘懂事开始，做母亲的就会用心地向女儿传授煮茶技艺。姑娘出嫁时，婆家迎亲后，一旦举行好婚礼，新娘就得当着亲朋好友的面，显露一下煮茶的本领，并将亲手煮好的咸奶茶，敬献给各位客人品尝，以示身手不凡，家教有方。

图5-15 蒙古族的咸奶茶

蒙古族人民如此重饮（茶）轻吃（食），却又身强力壮，这固然与当地牧区气候、劳动条件有关，但也与咸奶茶的营养丰富、成分完全，加之蒙古族喝茶时常吃些炒米、油炸果之类充饥密切相关。

（3）傣族、拉祜族的竹筒香茶

竹筒香茶，傣语叫“腊跺”，拉祜语叫“瓦结那”，是傣族和拉祜族人民别具风味的一种饮料。

竹筒香茶因原料细嫩，又名“姑娘茶”，产于西双版纳傣族自治州的勐海县。

竹筒香茶的制法有两种：一是采摘细嫩的一芽二三叶，经铁锅杀青、揉捻，然后装入生长一年的嫩甜竹（又叫香竹、金竹）筒内，这样制成的竹筒香茶既有茶叶的醇厚茶香，又有浓郁的甜竹清香。另一种制法是将一级晒青春尖毛茶0.25千克，放入小饭甑里，甑子底层堆放厚度6~7厘米浸透了的糯米，甑心垫一块纱布，上放毛茶，约蒸15分钟，待茶叶软化充分吸收糯米香气后倒出，立即装入准备好的竹筒内。这种方法制成的竹筒香茶，既有茶香，又有甜竹的清香和糯米香。边装边用小棍筑紧，然后用甜

学习笔记

图 5-16 制作竹筒香茶

图 5-17 品竹筒香茶

竹叶或草纸堵住筒口，放在离炭火高约 40 厘米的烘茶架上，以文火慢慢烘烤，待竹筒由青绿色变为焦黄色，筒内茶叶全部烤干时，剖开竹筒，即成竹筒香茶。

竹筒香茶外形为竹筒状的深褐色圆柱，具有芽叶肥嫩，白毫特多，汤色黄绿，清澈明亮，香气馥郁，滋味鲜爽回甘的特点。只要取少许茶叶用开水冲泡 5 分钟，即可饮用。

饮用竹筒香茶，既解渴，又解乏，令人浑身舒畅。

学习笔记

竹筒香茶耐储藏。将制好的竹筒香茶用牛皮纸包好，摆在干燥处储藏，品质常年不变。

（4）布朗族的酸茶

布朗族主要聚居在云南勐海县的布朗山，以及西定和巴达等山区。镇康、双江、临沧、景东、澜沧、墨江等县也有部分散居和杂居的布朗族，他们保留了食酸茶的习惯。

图 5-18 布朗族的酸茶

酸茶的制茶时间一般在五六月。在高温高湿的夏茶季节，将采下的幼嫩鲜叶煮熟，放在阴暗处放置十几天让它发霉，然后装入竹筒内再埋入土中，经过一个月后即可取出食用。吃酸茶时是放在口中嚼细咽下，它可以帮助消化和解渴。酸茶可供自食，或作为互相馈赠的礼物。

（5）白族的三道茶

白族散居在我国西南地区，但主要分布在云南省大理白族自治州，这是一个十分好客的民族。白族人家，不论在逢年过节、生辰寿诞、男婚女嫁等喜庆日子里，还是在亲朋好友登门造访之际，主人都会以“一苦二甜三回味”的三道茶款待客人。

三道茶，白语叫“绍道兆”，是白族待客的一种风尚。客人上门，主人一边与客人促膝谈心，一边吩咐家人架火烧水。待水沸开，就由家中或族中最有威望的长辈亲自司茶。具体方法是：

图 5-19 白族的三道茶

先将一只较为粗糙的小砂罐置于文火之上烘烤，待罐烤热后，随即取一撮茶叶放入罐内，并不停地转动罐子，使茶叶受热均匀。等罐中茶叶“啪啪”作响、色泽由绿转黄、发出焦香时，随手向罐中注入已经烧沸的开水。少顷，主人就将罐中沸腾的茶水倾注到一种叫“牛眼盅”的小茶杯中。主人用双手举茶敬献给客人，客人双手接茶后，通常一饮而尽。此茶虽香，却也味苦，因此谓之“苦茶”。白族称这第一道茶为“清苦之茶”，它寓意做人的道理——要立业，就要先吃苦。

喝完第一道茶后，主人会在小砂锅中重新烤茶置水（也有用留在砂罐内的第一道茶重新加水煮沸的）。与此同时，将盛器牛眼盅换成小碗或普通杯子，内放红糖和核桃肉，冲茶至八分满时敬于客人。此茶甜中带香，别有一番风味。如果说第一道茶是苦的，那么第二道茶就是甜的，白族人称它为“糖茶”或“甜茶”。它寓意着“人生在世，做什么事，只有吃得了苦，才会有甜香来”。

第三道茶的制法是：主人先将一满匙蜂蜜及三五粒花椒放入杯（碗）中，再冲上沸腾的茶水，客人接过茶杯时，一边晃动茶杯，使茶汤和作料均匀混合，趁“呼呼”响时，趁热饮下。此茶喝起来回味无穷，可谓甜、苦、麻、辣，各味俱全。因此，白族称它为“回味茶”。主人款待客人三道茶时，一般每道茶相隔三五分钟进行。另外，还得在桌上放些瓜子、松子、糖果之类，以增加品茶情趣。

（6）广西桂东、桂北各族同胞的打油茶

饮打油茶是桂东、桂北的三江、龙胜和恭城等地的侗、壮、汉等各民族的一种特别饮茶习俗，以恭城最为普遍。

图 5-20 打油茶

湘、桂、黔毗邻地区的三江侗族，把打油茶作为必不可少的家常饮料以及待客的佳品。“打”是指这种奇特饮料的制作过程，当地妇女几乎人人都会。为了打油茶，当地群众把茶叶制成茶饼，以便保存。喝打油茶一般是“三咸一甜”（三碗放盐的茶水、一碗放糖的汤圆茶水）。喝茶时，由主妇把炸阴米、炸花生、炸糍粑、炸黄豆和猪肝、鱼子等均分入碗，用汤勺将沸茶水

学习笔记

冲在碗中，喷香的油茶就“打”成了。

油茶具有浓香、甘甜味美、营养丰富等特点。侗族老人如果喝不上打油茶，就会责怪儿孙不孝。侗乡人外出串村走寨时如喝不上打油茶，身子就会感到像发痧一样不舒服，就会赶紧回家喝打油茶。与侗族人民杂居的苗、瑶和壮族同胞，受这种习俗影响，也喜欢喝打油茶。他们世世代代居住在高寒山区，气候寒冷，喝打油茶能御寒，打油茶便成了代代相传的民族习惯了。

（7）回族的罐罐茶

罐罐茶是回族特色茶之一，通常以中下等炒青绿茶为原料，经加水熬煮而成，所以，煮罐罐茶，又称熬罐罐茶。

图 5-21　煮罐罐茶

煮罐罐茶的方法比较简单。煮茶时，先在罐子中盛上半罐水，然后将罐子放在点燃的小火炉上，等到罐内水沸腾时，放入茶叶 5~8 克，边煮边拌，使茶、水相融，茶汁充分浸出，这样经两三分钟后，再向罐内加水至八成满，直到茶水再次沸腾时，罐罐茶才算煮好了。这时，即可倾汤入杯。罐罐茶的用茶量大，又是经熬煮而成的，所以，茶汁甚浓，一般不习惯于喝罐罐茶的人，会感到又苦又涩。对于长期生活在大西北的回族人来说，一般在上午上班前和下午下班后，少不了得喝上几杯罐罐茶。

（8）客家的擂茶

擂茶是以茶叶和花生、芝麻、大米、生姜、胡椒、食盐为原料，放入特制的陶质擂罐内，以硬木擂棍在罐内旋转，擂磨成细粉，然后取出用沸水冲泡，便调成擂茶。擂茶的材料因地、因人而有所增减。擂茶一般的汤色为黄白如象牙色；新鲜绿茶或包种茶占的比例较多时，则呈绿黄色，滋味适口，风味特别。

图 5-22　擂茶

擂茶是中国茶文化中一种较古老的吃茶方法。相传三国时代的蜀国大将张飞率军巡阅湖南武陵郡时，军中犯暑疫，地方父老献上“三生饮”，即将生米、生茶叶、生姜三样生品捣碎，加盐冲饮，饮后暑病即除，这种“三生饮”被众人口耳相传，演变成后来的“擂茶”，而逐渐传播到湖南、贵州、江西、福建、广东、广西等地的山区民间，并传到台湾的客

学习笔记

家人家。

擂茶在原有的基础上，逐渐地发展成社交的习俗，在婚嫁寿诞、亲友聚会、邻里串门、乔迁新居、添丁升官等喜事来临时都请吃擂茶。擂茶虽然是客家人的传统美食，但是在年轻的一代中，很少有人吃过或听过擂茶。

图 5-23 擂茶的制作过程

擂茶看似豆浆，又似乳汁，喝起来有特殊风味。擂茶的材料因地方和个人的喜好不同而有所不同，但基本的材料茶叶、花生、芝麻、生姜是不可少的，其他则可加入地方特产和个人喜好的材料，如湖南、江西两地大都用绿茶；福建、广东用乌龙茶；台湾则是用包种茶。芝麻有炒熟的也有生的。生姜大都一致。

2. 白茶小典故

学习笔记

(1) 白毫银针的传说

福建省东北部的政和县生产一种名茶，色白如银形如针，据说此茶有明目降火的奇效，可治“大火症”，这种茶就叫“白毫银针”。

图 5-24 白毫银针的茶芽

传说很早以前有一年，政和一带久旱不雨，瘟疫四起，在洞宫山上的一口龙井旁有几株仙草，草汁能治百病。很多勇敢的小伙子纷纷去寻找仙草，但都有去无回。有一户人家，家中有兄妹三人志刚、志诚和志玉。三人商定轮流去找仙草。这一天，大哥来到洞宫山下，这时路旁走出一位老爷爷告诉他说仙草就在山上龙井旁，阴森恐怖，忽听一声大喊：“你敢往上闯！”志刚大惊，一回头，他立刻变成了这乱石岗上的一块新石头。志诚接着去找仙草，在爬到半山时也变成了一块巨石。找仙草的重任终于落到了志玉的头上。她出发后，途中非常艰难，她告诉自己千万不能回头，终于爬上山顶来到龙井旁，采下茶芽，并用井水浇灌仙草，仙草开花结子，志玉采下种子，立即下山。志玉回乡后将种子种满山坡。这种仙草便是茶树，白毫银针名茶也由此而来。

（2）白牡丹的传说

福建省福鼎市盛产白牡丹茶。传说在西汉时期，有位名叫毛义的太守，因看不惯贪官当道，于是弃官随母欲隐居深山老林。母子俩来到一座青山前，只觉得异香扑鼻，经探问一位老者得知香味来自莲花池畔的十八棵白牡丹，母子俩见此处如仙境一般，便留下来。一天，母亲因年老加之劳累，病倒了。毛义四处寻药。晚上毛义梦见了白发银须的仙翁，仙翁告诉他：“治你母亲的病须用鲤鱼配新茶，缺一不可。”毛义认定是仙人的指点。这时正值寒冬季节，毛义到池塘里破冰捉到了鲤鱼，但冬天到哪里去采新茶呢？正在这为难之时，那十八棵牡丹变成了十八株仙茶，树上长满嫩绿的新芽叶。毛义立即采下晒干，毛茸茸的茶叶竟像是朵朵白牡丹花。毛义立即用新茶煮鲤鱼给母亲吃，母亲的病果然好了。后来人们就把这一带产的名茶叫作“白牡丹茶”。

图 5-25 福建福鼎茶区

学习笔记

评价标准

白茶的沏泡实训评价表

姓名：　　　　　　　　　　分数：

项目	具体评分标准	应得分	实得分
准备工作	1. 茶具整齐干净、沏泡用具齐全	5	
	2. 茶桌上各种物品齐全、数量合理、摆放整齐	5	
	3. 随手泡干净、光亮、工作正常	4	
	4. 茶艺师着装整洁，坐姿端正，面带微笑	4	

续表

项目	具体评分标准		应得分	实得分
表演前向客人问好	1. 声音清脆、口齿清楚、向客人点头问好		3	
	2. 打开煮水器		3	
介绍茶具	1. 茶道组合		3	
	2. 盖碗		3	
	3. 品茗杯、杯托		3	
	4. 水方		3	
	5. 茶仓		3	
	6. 茶荷		3	
	7. 壶承		3	
	8. 随手泡		3	
操作步骤及解释	1. 温盖碗	①左手拿随手泡，将开水倒至盖碗中 2/3 处	3	
		②右手拿盖碗将温盖碗的水倒入水杯中	3	
	2. 赏茶	用茶荷盛茶叶，请客人观赏，并介绍茶叶名称	4	
	3. 置茶	茶叶置于盖碗中	4	
	4. 冲水	盖碗冲水	4	
	5. 温杯	右手拿杯将温杯的水倒入茶船中	4	
	6. 介绍茶叶	①产地	7	
		②特点	7	
	7. 斟茶	①右手拿盖碗将茶汤斟入杯中	4	
		②七分满	4	
	8. 奉茶	双手奉上	4	
	9. 结束	做茶完毕点头向客人示意	4	
操作时间	分	秒	超时扣分	
评委签字				

说明：

1. 评分表共有四大项，评分时需在失误项目后填写扣分情况。
2. 采取全程计时，总成绩按操作时间和总计得分综合评定。

学习笔记

综合练习

根据你掌握的白茶的冲泡技巧用玻璃壶冲泡一壶白毫银针，并记录以下相关内容。

茶具的准备：

水温的要求：

冲泡时间：

冲泡方法：

香气、滋味：

自我评价：

学习笔记

第六单元

黑茶（普洱茶）沏泡服务

学习目标

本单元应该了解的知识

黑茶的特点

黑茶的分类

普洱茶的生产制作

普洱茶的种类及特性

本单元应该掌握的技能

掌握普洱茶的选购和储存方法

茶具的选择与准备

掌握沏泡普洱茶的步骤及方法

任务1 认识黑茶

黑茶属于后发酵茶，是我国特有的茶类，生产历史悠久，以制成紧压茶边销为主，主要产于湖南、湖北、四川、云南、广西等地。

黑茶的原料比较粗老，制造过程中往往要堆积发酵较长时间，所以叶片大多呈现暗褐色，因此被人们称为黑茶。

一、黑茶的特点

黑茶的花色品种丰富，由大叶种等茶树的粗老梗叶或鲜叶经后发酵制成，汤色橙黄或褐色，香气为清香或陈香，滋味醇厚回甘，性质温和，可存放较久，耐泡耐煮。

学习笔记

二、黑茶的生产制作

黑茶的制作工艺相对复杂，采用较粗老的原料，经过杀青、揉捻、渥堆、干燥四个初制工序加工而成。渥堆是决定黑茶品质的关键工序，渥堆时间的长短、程度的轻重，会使成品茶的品质风格有明显差别。当茶堆出现水珠，青草气消失，叶色呈绿或紫铜色，并且均匀一致时，即为渥堆适度，再进行干燥。

三、黑茶的主要名品

黑茶按地域分布，主要可分为湖北黑茶、湖南黑茶、四川边茶、广西六堡茶及云南普洱茶。其中，云南普洱茶于古今中外久负盛名。

（一）湖北青茶

老青茶又称青砖茶，青砖茶属黑茶种类，以老青茶作原料，经压制而成青砖茶。青砖茶主要销往内蒙古等西北地区，其产地主要在湖北省咸宁地区的赤壁、通山、崇阳、通城等县，已有100多年的历史。

图6-1 湖北老青茶

青砖茶色泽为棕色，茶汁味浓可口，香气独特，回甘隽永。最外一层称洒面，原料的质量最好，最里面的一层称二面，质量稍差，这两层之间的一层称里茶，质量较差。

青砖茶的外形为长方形，色泽青褐，香气纯正，汤色红黄，滋味香浓。饮用青砖茶，除生津解渴外，还具有清新提神等功效。

常规的青砖茶有 2 千克 / 片、1.7 千克 / 片、900 克 / 片、380 克 / 片。随着边疆少数民族地区居民向城市和内地迁移，为满足日益多元化的消费需求，有些商家开发出更适合饮用的产品，如巧克力状的青砖，小巧精致，方便携带与冲泡。

（二）湖南黑茶

湖南黑茶生产始于湖南益阳安化县。2009 年，安化入选世界纪录协会中国最早的黑茶生产地。安化黑茶历史悠久，历史上横贯欧亚大陆的“丝绸之路”运输的主要商品是丝绸、瓷器、茶叶。安化黑茶通过古丝绸之路源源不断被运往西北边疆，也销往俄国、英国等国家。湖南安化黑茶独特的历史造就了其独特的魅力，而独特的生态环境和成茶机理形成了其独特的功效。它被边疆牧民称为“生命之饮”。

图 6-2　湖南安化黑茶

学习笔记

湖南安化黑茶主要集中在安化生产，湖南黑茶条索卷折成泥鳅状，色泽油黑，汤色橙黄，叶底黄褐，香味醇厚，具有松烟香。黑毛茶经蒸压装篓后称天尖，蒸压成砖形的是黑砖、花砖或茯砖等。主要由于海外市场的征购，湖南安化黑茶得以在 21 世纪之初出现，并风靡广东及东南亚市场。其声誉之盛，已不亚于当今的普洱，被茶书誉为“茶文化的经典，茶叶历史的浓缩，茶中的极品”。

安化黑茶最初以“千两茶”的形式出现，此茶一般为长 1.51 ~ 1.65 米，直径约 0.2 米的筒状。外包装一般以竹黄、粽叶、蓼叶捆扎，重量约 36.25 千克，合旧秤 1000 两，故而得名，也因此被誉为“世界茶王”。安化黑茶在长期的发展过程中逐渐形成了众多的品类，主要概括为“三尖”，即天尖、贡尖和生尖；“四砖”，即茯砖、花砖、黑砖和青砖；“一花卷”，即新标准的安化千两茶系列，包括以重量命名的千两茶、百两茶和十两茶。

（三）四川边茶

四川边茶起源于四川省，其年代可追溯到唐宋时茶马交易中早期。茶马交易的茶是从绿茶开始的。当时茶马交易茶的集散地为四川雅安和陕西汉中，由雅安出发人靠马驮抵达西藏至少有2～3个月的路程。当时由于缺乏遮阳避雨的工具，雨天茶叶常被淋湿，天晴时茶又被晒干，这种干、湿互变过程使茶叶在微生物的作用下发酵，产生了品质完全不同于起运时的茶品，因此“黑茶是马背上形成的”说法是有其道理的。久而久之，人们就在初制或精制过程中增加一道渥堆工序，于是就产生了黑茶。

图6-3　四川边茶

四川边茶分南路边茶和西路边茶两类，四川雅安等地生产的南路边茶，过去分为毛尖、芽细、康砖、金玉、金仓等花色，简化为康砖、金尖两个花色，主销西藏，也销青海和四川甘孜藏族自治州。南路边茶制法是用割刀采割来的枝叶杀青后，经过多次的“扎堆”“蒸馏”后晒干。南路边茶（藏茶）为黑茶品种中制法最复杂的，需经过30多道工序。四川灌县、崇庆、大邑等地生产的西路边茶，蒸后压装入篾包制成方包茶或圆包茶，主销四川阿坝藏族羌族自治州及青海、甘肃、新疆等。西路边茶制法简单，将采割来的枝叶直接晒干即可。

学习笔记

（四）广西六堡茶

图6-4　广西梧州六堡茶

广西黑茶最著名的是梧州六堡茶，因产于广西梧州市苍梧县六堡而得名，已有上千年的生产历史。除苍梧外，贺州、横县、岑溪、玉林、昭平、临桂、兴安等地也有一定数量的生产。六堡茶制造工艺流程是杀青、揉捻、沤堆、复揉、干燥，制成毛茶后再加工时仍需潮水沤堆，蒸压装篓，堆放陈化，最后使六堡茶汤味形成红、浓、醇、陈的特点。广西梧州因梧州六堡茶享誉国际和国内，2010年和2011年举办了两次广西春茶会，形成了形象良好的茶文化城市品牌效应。

梧州六堡茶是特种黑茶，品质独特，香味以陈为贵，在东南亚和日本等地有广泛的市场。

（五）云南普洱茶

很多人都会将黑茶和普洱茶混淆在一起，认为黑茶即普洱茶，其实不然，虽然普洱茶属于黑茶，但它与其他黑茶在加工上有质的区别。

图 6–5 云南普洱茶

1. 普洱茶的特点

普洱茶是以符合普洱茶产地环境条件的云南大叶种晒青茶为原料，采用渥堆工艺，经后发酵（人为加水提温，促进细菌繁殖，加速茶叶熟化，去除生茶苦涩，以达到入口顺滑、汤色红浓之独特品性）加工形成的散茶和紧压茶。其品质特征为：汤色红浓明亮，香气独特，滋味醇厚回甘，叶底红褐均匀。

图 6–6 云南古茶树

在茶人的眼中，普洱茶得益于时间的流逝，受惠于岁月的洗礼。从这个角度来说，优质的普洱茶，堪称是时间“缓慢的艺术”，而非速成时代的产品。普洱茶的“慢”，一方面指的是其品质的提高，是一个缓慢的过程。与世界上其他名茶相比，普洱茶的制作是需要花费时间的，而且工序烦琐，有许多个环节：杀青、揉捻、晒干、分拣、拼配、蒸压。这是一个相当复杂且反复与自然对话的过程。

普洱茶，被称为能喝的古董，既可喝亦可存，有产地优越、品种优良、越陈越香、饮法多样、收藏鉴赏、久喝上瘾、有益健康的特点，甘、醇、滑、厚是人们对普洱茶的感觉。

2. 普洱茶的生产制作

普洱茶由于制作的方法不同，一般分为生普洱茶和熟普洱茶。

生普洱茶的制作过程是：采摘云南大叶种茶鲜叶—萎凋—杀青—揉捻—晒干—蒸压—干燥。

熟普洱茶的制作过程是：生茶毛茶—湿水—反复翻堆—出堆—解块—干燥—分级—蒸压（类似生茶蒸制过程）—干燥摊晾。

图 6–7 生、熟普洱茶

学习笔记

3. 普洱茶的主要分类

普洱茶依据干茶外形分类，可分为以下几种。

（1）饼茶

扁平圆盘状，其中七子饼每块净重 357 克，每 7 个为一筒，每筒净重 2500 克，故名“七子饼”。

（2）沱茶

形状同饭碗一般大小，每个净重 100～250 克，现在还有迷你小沱茶，每个净重 2～5 克。

（3）砖茶

呈长方形或正方形，以 250～1000 克居多，制成这种形状主要是为了运输方便。

图 6–8　饼茶

图 6–9　沱茶

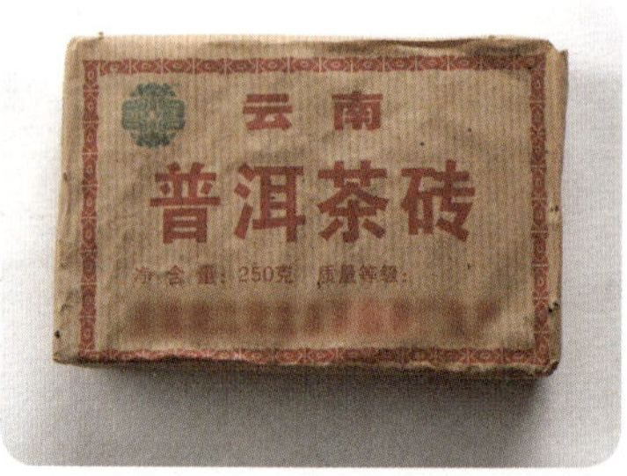

图 6–10　砖茶

（4）金瓜贡茶

压制成大小不等的金瓜形，从 100 克到数千克均有。

图 6–11　金瓜贡茶

（5）千两茶

压制成大小不等的紧压条形，每条茶重量都比较重（最小的每条都有 50 千克左右）。

（6）散茶

散茶指制茶过程中未经过紧压成形，茶叶状为散条形的普洱茶。散茶有用整张茶叶制成的条索粗壮肥大的叶片茶，也有用芽尖部分制成的呈细小条状的芽尖茶。

普洱茶的中级、上级品以沱茶及饼茶居多。

图 6–12　千两茶

图 6–13　普洱散茶

学习笔记

任务2 普洱茶沏泡服务与品饮技巧

一、普洱茶沏泡茶具与用具

普洱茶沏泡宜选腹大的壶，因为普洱茶的浓度高，用腹大的壶可避免茶汤过浓，建议材质宜选陶壶、紫砂壶或是盖碗。

普洱茶的茶具主要有普洱刀、陶壶、公道杯、水方、壶承、品茗杯、杯托、茶荷、茶道组合、茶仓。

图 6-14 普洱刀

图 6-15 陶壶

图 6-16 公道杯

图 6-17 水方

图 6-18 壶承

图 6-19 品茗杯

学习笔记

图 6-20　杯托

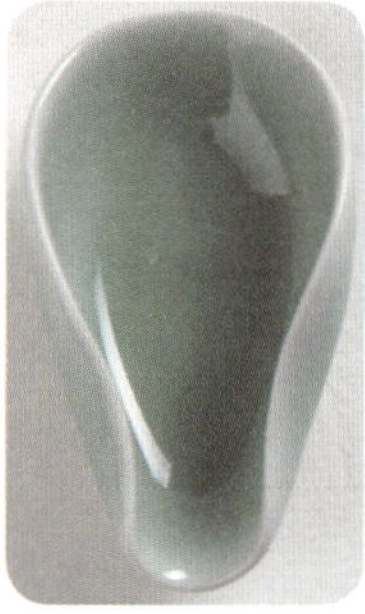

图 6-21　茶荷

图 6-22　茶道组合

图 6-23　茶仓

学习笔记

二、陶壶沏泡普洱茶的方法

陶壶沏泡普洱茶的方法

操作步骤	操作示范	注意事项
准备茶具		准备随手泡、茶仓、茶船、陶壶、品茗杯、茶荷、茶艺用具。
精品鉴赏	 	请客人观赏茶荷中的茶叶。
温壶	 	将随手泡的开水注入壶内，将壶温热，避免冷热悬殊。

续表

操作步骤	操作示范	注意事项
温盅	 	将壶中的水注入茶海中，温热茶海。
佳茗入宫	  	将茶荷中的茶叶放入壶中。
润泽香茗		温润泡。先将紧结的茶叶泡松，可使未来每泡茶汤汤色维持同样的浓淡。
荷塘飘香		将温润泡的茶汤注入茶海中，以便温杯用。
旋律高雅		第一泡茶冲泡。
沐淋瓯杯	 	用温润泡的茶汤温杯，使杯底留有茶的余香，温润泡的茶汤一般不饮用。

学习笔记

续表

操作步骤	操作示范	注意事项
茶熟香温		将壶中的茶汤注入茶海中。
茶海慈航		分茶入杯，将茶汤倒入品茗杯中，约7成满。
敬奉香茗		将泡好的茶汤双手递送给客人。

学习笔记

三、普洱茶的沏泡步骤及方法

第一步：问好。

大家好！今天由我为您做茶。

第二步：介绍茶具。

茶道组合、茶仓、水方、壶承、品茗杯、公道杯、茶垫、陶壶、随手泡。

第三步：摆放茶垫、品茗杯。

第四步：温壶、温杯。

第五步：赏茶、置茶。

今天为您沏泡的是普洱茶，茶置壶中。

第六步：温润泡。

第七步：冲水。

第八步：斟茶。

分茶入杯。

第九步：奉茶。

第十步：结束。

做茶完毕，谢谢大家。

拓展阅读

1. 普洱茶的小常识

（1）普洱茶的辨别

普洱茶主要产地是云南省，近20年来，才开始在各地流行起来。普洱茶可持续发酵，因此越陈越香。辨别生、熟普洱茶有以下方法。

①从香气辨别

普洱熟茶因为是经过渥堆的，所以会产生一股熟味。一般只有十年陈期以内的干仓熟茶（依传统说法，未曾霉变过的茶品为干仓茶），可以从型茶表面闻出一股熟茶味。过10~20年，那股表面熟茶味就会消失，则可从茶汤中感觉出熟味香。1973年由紧压茶的材料改做成的第一批熟砖茶，称为“73厚砖茶”，至今已经30多年了，无论是型茶或茶汤，都再也没有熟味感觉，却有一股沉香。沉香是由熟味，经过长期干仓陈化而转变过来的最好的熟茶茶香。熟茶味和沉香是最直接有效分辨生茶和熟茶的方法之一。

②从汤色辨别

干仓的普洱生茶茶汤是栗红色，接近重火乌龙茶汤色，即使是陈年的生茶，比如已经有八九十年历史的龙马牌同庆老号普洱茶，它的茶汤颜色只略比五十年的红印普洱圆茶的茶汤深一些。而熟茶的茶汤颜色是暗栗色，甚至接近黑色。所以在现代的茶种分类中，将普洱茶列为黑茶类，是与普洱熟茶的汤色有关的。

③从叶底辨别

干仓的普洱生茶叶底呈栗色至深栗色，和台湾的东方美人茶叶底颜色很相似。叶条质地饱满柔软，充满新鲜感。一泡同庆老普洱茶的叶底，可以显现出百年前那种新鲜活力。普洱熟茶的叶底多半呈现暗栗或黑色，叶条质地干瘦老硬。如果是发酵较重的，会有明显炭化，像被烈火烧烤过。有些较老的叶子，叶面破裂，叶脉一根根分离，有如将干叶子长期泡在水中那种碎烂的样子。但是，有些熟茶若渥堆时间不长，发酵程度不重，叶底也会非常接近生茶叶底。反之，也有些生茶在制作程序中，譬如茶青揉捻后，无法立即干燥，延误了较长时间，叶底也会呈现深褐色，汤色也会比较浓而暗，跟只是轻度发酵渥堆过的熟茶是一样的。

（2）看懂普洱茶年份

普洱茶的存放年份是衡量茶叶价钱、等级的一个重要因素，

学习笔记

学习笔记

一块普洱茶砖叫价可以从100元到1000元不等，主要是因为普洱茶有越陈越香的说法，20年、30年，甚至是50年、60年的珍品、贡品，价格更是不菲。其实普洱茶的年份并无有效的方法辨认，而且如果保存不当也会影响茶叶品质，唯一的方法就是多喝、多比较。尽管如此，这里还是提供以下简单辨识普洱茶叶年份的方法供参考。

①看茶叶外观

新普洱茶外观颜色较新鲜，带有白毫，且味道浓烈；普洱茶经过长时间的后氧化作用后，茶叶外观会呈枣红色，白毫也转成黄褐色。

②区别包装纸颜色

通常压制过的陈年普洱茶，其包装的白纸已随时间推移变得陈旧，因而纸质略黄，因此可以从纸质手工布纹及印色之老化程度辨别，但这只能作为参考，非绝对依据，因为可能有些不良商人会利用这种心理，以陈黄的包装纸调包次级品。

③看懂茶品年份

一般而言，通常将普洱茶的年份划分如下：1949年以前生产的普洱茶称为古董茶，如百年宋聘号、百年同兴贡品、百年同庆号、同昌老号、宋聘敬号。通常在茶饼内放有一张糯米所做、印有如上名称的纸，称为“内飞”。

1949-1967年中国茶业生产改为“印级茶品”，也就是在包装纸的茶字上，以不同颜色标示红印为第一批，绿印为第二批，黄印为第三批；1968年以后生产的茶饼包装不再印上“中国茶业公司”字号，改由各茶厂自选生产，统称云南七子饼，包括雪印青饼、73青饼、大口中小绿印、小黄印等。

（3）普洱茶的品饮

普洱茶的品饮重在寻香探色。为了更好地观赏茶汤，一般选用白瓷或玻璃透明小品杯。先观汤色，尔后闻香，最后还得好好地品啜。如果是陈年的普洱茶，则应在品饮的过程中去细细体味经长期储存而形成的“陈香”，味醇甘滑正是陈年普洱茶特殊的品质风格。

①喝普洱茶首先要品香

普洱茶的香气特点就是陈香显著。陈香味是普洱茶在后发酵过程中，以茶多酚为主的多种化学成分在微生物和酶的作用下，形成了一些新的物质所产生的综合香气，有的似桂圆香，有的似槟榔香等，是一种令人感到舒服的气味。如同乌龙茶中铁观音有“音韵”，武夷岩茶有“岩韵”一样，普洱茶所具有的是陈韵，这是普洱茶香气的最高境界。如有霉味、酸味等则为不正常。

②喝普洱茶要品味

普洱茶汤的滋味甘甜、滑润、厚重。甘甜就是茶汤入口要有明显的回甜味，刺激舌面、两颊、舌底不断地生津，因为在发酵的过程中，大分子碳水化合物被分解成小分子的糖及可溶性糖，蛋白质被分解为氨基酸；滑润是茶汤要柔顺滑润、滋味醇正、清爽平和，刺激性不强，毫无阻滞地从口腔流向喉咙和胃部，没有叮、刺、挂、麻的感觉；厚重是指茶汤浓稠而不淡薄，入口后味觉香浓而不寡淡。

③喝普洱茶时要注意茶的汤色

普洱茶的汤色有五种，即宝石红、玛瑙红、琥珀红、泛青黄、褐黑。正常普洱茶汤的颜色红浓明亮，汤色红浓剔透是高品质普洱茶的汤色，黄、橙色过浅或深暗为不正常，汤色浑浊不清则属于品质劣变。

鉴别普洱紧压茶的质量时除内质特征需与以上相同外，外形主要有如下要求：形状匀整端正；棱角整齐，不缺边少角；横纹清晰；表面均匀，包心不外露；厚薄一致，松紧适度；色泽以黑褐、棕褐、褐红色为正常。喝普洱茶时，为了充分品尝到普洱茶的特点，需要有正确的普洱茶喝法。普洱茶的喝法包括选茶、备具、择水、投茶、喝法 5 个环节。喝普洱茶最好选用陶壶或景德镇等地生产的专用薄胎瓷器皿，因为陶瓷器皿泡茶不走味，能较好保持普洱茶的香气和滋味。饮具最好选用专用瓷杯。水原则上应选用软水，如纯净水、矿泉水等，也可用符合饮用水标准的自来水，如果是山泉水，那就更好。水温对茶汤的香气、滋味都有很大的影响，所以普洱茶要求用 100℃的完全沸水冲泡，才能泡出普洱茶的香味，才是正确的普洱茶喝法。

为了使茶香更加纯正，要进行温茶，即第一次冲下的沸水立即倒出。温茶可进行 1～2 次，速度要快，以免影响茶汤的滋味。正式喝普洱茶时，1 分钟左右即可将茶汤倒入杯中，茶底继续喝，随着喝的次数增加，泡的时间可慢慢延长，从 1 分钟左右逐渐增加至数分钟，这样泡出的普洱茶茶汤才比较均匀。

2. 中国饮茶文化的演变过程

我国饮茶方法先后经过烹茶、点茶、泡茶以及当代饮茶等几个阶段。

唐代，饮茶渐渐在百姓中流传开来，尤其在中唐之后，饮茶风俗日盛，成为国饮。唐代饮茶以烹煎为主，将茶饼碾碎成末再

学习笔记

饮。这种方式一直延续至宋代，宋人点茶技艺更加高超。元末明初，饼茶生产渐趋衰退，散茶开始被人们接受，用沸水冲泡散茶的饮茶方式走进了人们的生活。

（1）唐代烹茶

茶兴于中唐，唐中期以后，饮茶活动达到空前规模。

自唐开元年间起，唐人上起天子，下讫黎民，几乎所有人都不同程度地喜欢饮茶。专门采造宫廷用茶的贡焙也是在这一时期设立的。皇室的嗜茶导致王公贵族们争相仿效。当时活跃于文坛的诗人、画家、书法家、音乐家中都有嗜茶者，如白居易、颜真卿、柳宗元、刘禹锡、皮日休、陆龟蒙等人。这些文人雅士们不仅品茶评水，甚至参与培植名茶，还吟茶诗，作茶画，著茶书。他们以茶会友，辟茶室，办茶宴，成为唐代茶饮的一道独特、亮丽的风景线。

佛教自天竺传来后，历经汉、魏、南北朝而流传甚广。又经隋文帝大力提倡，到唐朝时发展到顶峰，禅宗兴起。僧尼在学佛时，尤其是在“坐禅”时，很少吃饭和睡眠，故常依赖于茶叶。禅宗的兴盛使饮茶习惯在上自皇族世家，下至士大夫文人百姓中风行。

除了以上原因，唐代之所以能够在全国范围内形成浓厚的饮茶风气，还与陆羽等人的大力提倡有极为密切的关系。陆羽之前，虽然饮茶已从南方传入北方，社会上饮茶的人越来越多，但是还没有一本专门介绍茶叶的书，人们对茶叶的历史和现状缺乏应有的了解，许多人不知道茶叶的性能和饮用方法，至于茶树的栽培和茶叶的制作工艺，知道的人就更少。鉴于此，陆羽写成中国，也是世界上第一部茶书——《茶经》，第一次较全面地总结了唐代以前有关茶叶诸方面的经验，大力提倡饮茶，推动了茶叶生产和茶学的发展。

学习笔记

图 6-24 “茶神”陆羽

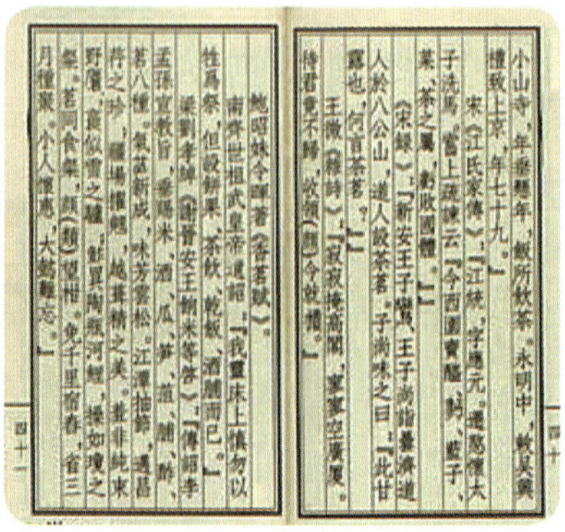

图 6-25 《茶经》

图 6-26 陆羽品茶图

图 6-27 唐代品茶图

唐人饮茶讲究鉴茗、品水、观火、辨器。在饮茶方式上，唐代有煎茶、庵茶、煮茶等方式。

唐中叶盛行煎茶。陆羽在《茶经》中力倡煎饮法，对煎茶方法做了详细的叙述。唐代茶有粗茶、散茶、末茶、饼茶四种。煎茶法用的茶是饼茶。饼茶须经炙、碾、罗三道工序，将饼茶加工成细末状颗粒的茶末，再进行煎茶。先将茶饼复烘干燥，谓之“炙茶”。炙烤茶饼，待到茶饼变软或透发出香气时趁热放在纸袋子里，以免茶叶的香气散失。等到茶叶冷了，再取出打碎，碾成粉末状。好的茶末像细米粒，不好的像菱角。碾成的茶末还要经过罗的细筛，筛下的茶即成待烹的茶末，存放在茶盒里备用。

煎茶包括烧水与煮茶。先将水放到两侧有方形耳的大锅中烧开。水的选择，以山水最好，其次是江河的水，井水再次之。

煮茶分为三个阶段，即“三沸”。当水煮到出现鱼眼大的气泡，并微有沸声时，是第一沸，这时根据水的多少加入适量盐调味，尝尝水味，不要因为味淡而多加盐。当锅边缘连珠般的水泡向上冒时，是第二沸。舀出一瓢开水，用竹夹在水中搅动形成水涡，使水沸度均匀，用量茶小勺量取茶末，投入水涡中心，再加搅动。过一会儿，水面波浪翻腾，溅出许多沫子时，也就是第三沸了。

将原先舀出的一瓢水倒回去，使开水停沸，生成茶沫。此时，要把茶沫上形似黑云母的一层水膜去掉，因为它味道不正。而且“三沸”之后，不宜接着煮，因为水已煮老，不能再饮用。煮茶的水不能多加，否则味道就淡薄了。

饮茶要趁热，要将鲜白的茶沫、咸香的茶汤和柔嫩的茶末一起喝下去。茶汤热时，重浊的物质凝结下沉，精华则浮在上面。如果冷了，精华就会随热气散发掉，没有喝完的茶，精华也会散发掉。

（2）宋代点茶

中国茶史上历来就有“茶兴于唐，盛于宋”的说法。宋代制

学习笔记

茶工艺有了新的突破，福建建安北苑出产的龙凤茶名冠天下。这种模压成龙形或凤形的专用贡茶又称“龙团凤饼”。宋代饮茶已在社会各个阶层中普及，包括下层平民。宋代，茶不仅成为人们日常生活中不可或缺的物品，而且饮茶的风俗深入到民间生活的各个方面。开封、临安两都茶肆、茶坊林立，客来敬茶的礼俗也已广为流传。总之，宋代茶饮已经“飞入寻常百姓家”。

宋代饮茶方法在唐代基础上又迈进了一步，迅速发展了合于时代的、高雅的点茶法。点茶法比唐代煎茶法更讲究，包括炙茶、碾罗、候汤、熁盏、点注等一套程序。

宋代点茶用饼茶。饼茶也需炙烤加工后使用，炙茶的过程与煎茶相同，然后将茶饼碾碎成粉末，再用茶罗筛过，茶粉越细越好，所以要求茶罗十分细密。候汤则是要掌握点茶用水的沸滚程度，这是点茶成败的关键。掌握水沸的程度，冲点出色、香、味俱佳的茶汤，只能凭点茶人个人的经验来完成。另外，唐人煎茶时用的“盂”在宋人煮水时被体积较小的茶瓶代替。

学习笔记

在点茶之前，还要用沸水冲洗杯盏，预热饮具。

点茶尤为不易。先要将适量的茶粉放入茶盏中点泡一些沸水，煎茶粉调和成清状，然后再添加沸水，边添边用茶匙击拂。点泡后，如果茶汤的颜色呈乳白色，茶汤表面泛起的“汤花”能较长时间凝住杯盏内壁不动，这样才算点泡出一杯好茶。点茶追求茶的真香、真味，不掺任何杂质，并且十分注重点茶过程中的动作优美协调。点茶以茶粉作为原料，再用沸水点冲，所以人们饮用时要连茶粉带水一起喝下。与唐代煎茶相比，宋人更喜爱典雅精致的点茶艺术。结果发展到从城市到乡村，皇帝贵族、文人、僧侣、百姓无不点茶。南宋理宗开庆元年又经日本僧人南浦昭明传至日本，后经日本茶道创始人千利休改造而成日本茶道。

宋代饮茶之风炽盛，风行评比调茶技术和茶质优劣的斗茶，也称茗战。我国斗茶始于唐而盛于宋，随着贡茶的兴起应运而生。在由于产贡茶而闻名于世的唐代建州茶乡，新茶制成后，茶农们为了评比新茶品序而进行比赛活动。这种活动后来被广泛传播，时间也不再限于采制新茶之时，参加者也不仅限于茶农，目的也不限于评比茶叶的品第，而更重视评比斗茶者点汤、击拂技艺的高低。

斗茶既为斗，就一定要决出胜负。决定胜负的因素有二：一是汤色，二是汤花。最后综合评定味、香、色。

斗茶所用的茶盏以建安产的兔毫盏为佳。建安建窑以出产黑釉瓷闻名，黑釉瓷釉色黑如漆，莹润闪光，条纹细密如丝。因其

图 6-28 斗茶的茶盏

结晶所显斑点、纹理各异，故分为兔毫釉、油滴釉、曜变釉、鹧鸪斑釉、鳝皮釉等品种。兔毫盏为其中珍品，因纹理细密，状如兔毫得名。它大口小底，形似漏斗，造型凝重，古朴厚实。因其黑，而衬出茶汤之色白，且可清楚看出咬盏及水痕的情况。因其厚实，预热之，则热难冷，易使茶香散发，所以斗茶者青睐兔毫盏。

宋代斗茶之风普及民间，不仅帝王将相、达官显贵、文人墨客，连市井细民、浮浪哥儿也喜斗茶。宋徽宗赵佶经常在宫中召集群臣斗茶，直至将他们全部斗倒为止。

（3）明清泡茶

中国茶饮在经历唐宋的高峰之后，在明清时期又迎来了另一个高潮。明清时期无论是茶叶的生产和消费，还是茶的品饮技术都发生了变革，达到了新的高度，在中国茶饮史上留下了灿烂辉煌的一页。处于两个高峰之间的元朝，在我国茶饮史上起到了承上启下的作用。

元代作为宋明两代的过渡期，虽然历史较短，但是在饮茶法上却进一步走向成熟。这一时期在饮茶方式上的革新为明清时期茶文化的再创新打下了重要的基础，可以说这一时期是中国茶饮方式转变的一个重要阶段。元代除了继承饼茶的生产和使用外，散茶也渐渐在茶叶消费中占有了一席之地。饼茶的使用主要在宫廷贵族之中，散茶的消费则主要在民间。除了继承前人的饮茶方式外，元代的饮茶也出现了一些新的趋势。

饮茶风尚发展到明代，发生了具有划时代意义的变革。随着茶叶加工方法的简化，茶的品饮方式也走向简单化。宋元时期“全民皆斗”的斗茶之风已衰退，饼茶被散茶所代替，盛行了几个世纪的“唐烹宋点”也变革成用沸水冲泡的瀹饮法。从饼茶生产向散茶生产的转型使茶品生产工艺由繁到简，随着这种转型而来的则是茶饮方式的简约化。

由朱权倡导的简约的饮茶风气影响后人而形成了瀹饮法。瀹饮法逐渐取代了煎点法的主导地位，成为中国人至今都在使用的饮茶方法。瀹有浸、渍的意思。瀹饮法，即以沸水直接冲泡叶茶的方法。

明朝前期煎点法仍是主流，直到明末清初，瀹饮法才成为品饮的主要方式。

学习笔记

图 6-29　明朝紫砂壶

随着冲泡散茶的兴起，茶具中出现了茶壶，且以窑器为上，锡次之。茶壶以小为贵。每一客，壶一把，任其自斟自饮，方为得趣。壶小则不涣散，味不耽搁。况茶中香味，不先不后，只有一时。太早则味不足，太迟则已过。窑器中又以宜兴紫砂为最，古朴雅致的紫砂茶具由于瀹饮法的兴盛而发展起来。同时由于瀹饮对茶汤色、香、味的追求，刺激了白瓷以及青花瓷的发展。

这种沸水冲泡散茶的饮用方法还促进了我国茶叶生产技术的进步，散茶的品种迅速增多，除绿茶外，红茶、乌龙茶、花茶、黑茶等茶类也出现并发展起来。

瀹饮法只要懂得茶中趣理，具体程序不像前人煎茶、点茶那样严格，给人留下自我发挥的空间。明清以来，这种品饮方式广泛深入到社会各个阶层，植根于广大平民百姓之中，成为整个社会的生活艺术。

学习笔记

（4）当代饮茶

随着沸水冲泡法主导地位的确立，清饮成为我国大部分人的主要饮茶方式，但调饮方式仍然存在。除此之外，由于社会生活的发展以及科技的进步，再加上与世界其他国家的交流不断加深，当代的饮茶出现了一些新的内容和形式，如清饮、调饮、袋泡茶、罐装茶、冷饮等。

①清饮

图 6-30　清饮

清饮是一种无拘无束，潇洒自如，趋向生活化、大众化特征的品饮艺术。系选用条茶，用开水冲泡，讲究泡茶的水质、水温和茶炉、茶具，茶中不加奶、糖等佐料。人们在清饮品尝中可欣赏茶的色、香、味、形，在慢斟细啜时领略幽雅闲逸、洒脱自然的情趣。

②调饮

调饮相对于清饮，需在茶汤中添加其他物品，如蜂蜜、牛奶、水果汁等。一般为现调即饮，也有加冰块冷饮的。

③袋泡茶

袋泡茶是将茶叶装在滤纸袋中连袋冲泡饮用的一种小包装茶。现在世界上生产的袋泡茶有红茶、绿茶、花茶、乌龙茶及药用保健茶等。

④罐装茶

罐装茶是成品茶经过萃取、过滤、添加保护剂、灭菌、装罐制成的再加工茶。通常分为两大类，一类是纯茶饮料，有红茶、绿茶、乌龙茶、花茶等；另一类是添加香料或果汁的混配茶饮料，如薄荷茶、柠檬茶、荔枝茶、奶茶等。因饮用方便，罐装茶适合作为旅游饮品。

⑤冷饮

冷饮是相对于热饮而言，是用冷开水冲泡茶叶，或待沸水冲泡茶冷却后，向冲泡好的茶饮中加冰的饮用方法。冲泡茶类有红茶、绿茶、乌龙茶、花茶等，方便快捷，深受当代年轻人喜爱。

评价标准

学习笔记

普洱茶的沏泡实训评价表

姓名：　　　　　　　　　　分数：

<table>
<tr><th>项目</th><th colspan="2">具体评分标准</th><th>应得分</th><th>实得分</th></tr>
<tr><td rowspan="4">准备工作</td><td colspan="2">1. 茶具整齐干净、沏泡用具齐全</td><td>5</td><td></td></tr>
<tr><td colspan="2">2. 茶桌上各种物品齐全、数量合理、摆放整齐</td><td>5</td><td></td></tr>
<tr><td colspan="2">3. 随手泡干净、光亮、工作正常</td><td>5</td><td></td></tr>
<tr><td colspan="2">4. 茶艺师着装整洁，坐姿端正，面带微笑</td><td>5</td><td></td></tr>
<tr><td rowspan="2">表演前向客人问好</td><td colspan="2">1. 声音清脆、口齿清楚、向客人点头问好</td><td>3</td><td></td></tr>
<tr><td colspan="2">2. 打开煮水器</td><td>3</td><td></td></tr>
<tr><td rowspan="8">介绍茶具</td><td colspan="2">1. 茶道组合</td><td>3</td><td></td></tr>
<tr><td colspan="2">2. 盖碗</td><td>3</td><td></td></tr>
<tr><td colspan="2">3. 品茗杯、杯托</td><td>3</td><td></td></tr>
<tr><td colspan="2">4. 水方</td><td>3</td><td></td></tr>
<tr><td colspan="2">5. 茶仓</td><td>3</td><td></td></tr>
<tr><td colspan="2">6. 茶荷</td><td>3</td><td></td></tr>
<tr><td colspan="2">7. 壶承</td><td>3</td><td></td></tr>
<tr><td colspan="2">8. 随手泡</td><td>3</td><td></td></tr>
<tr><td rowspan="2">操作步骤及解释</td><td rowspan="2">1. 温盖碗</td><td>①左手拿随手泡，将开水倒至盖碗中 2/3 处</td><td>2</td><td></td></tr>
<tr><td>②右手拿盖碗将温盖碗的水倒入水杯中</td><td>2</td><td></td></tr>
</table>

续表

项目	具体评分标准		应得分	实得分
操作步骤及解释	2. 赏茶	用茶荷盛茶叶，请客人观赏，并介绍茶叶名称	4	
	3. 置茶	茶叶置于盖碗中	4	
	4. 冲水	盖碗冲水	4	
	5. 温杯	右手拿杯将温杯的水倒入茶船中	4	
	6. 介绍茶叶	①产地	7	
		②特点	7	
	7. 斟茶	右手拿盖碗将茶汤斟入杯中	4	
	8. 奉茶	双手奉上	4	
	9. 结束	做茶完毕点头向客人示意	4	
操作时间	分	秒	超时扣分	
老师签字				

说明：
1. 评分表共有四大项，评分时需在失误项目后填写扣分情况。
2. 采取全程计时，总成绩按操作时间和总计得分综合评定。

学习笔记

综合练习

根据你掌握的普洱茶的冲泡技巧用盖碗冲泡宫廷普洱，并记录以下相关内容。

茶具的准备：

水温的要求：

冲泡时间：

冲泡方法：

香气、滋味：

自我评价：

第七单元

花茶沏泡服务

学习目标

本单元应该了解的知识

花茶的原料

花茶的特点

花茶的制作过程

本单元应该掌握的技能

认识沏泡花茶的用具

掌握沏泡花茶的步骤

掌握花茶的品饮方式

任务1 认识花茶

花茶是用茶叶和含苞待放的鲜花窨制而成的。因在其窨制过程中茶叶吸收了花的香味，融入了花的芬芳，使得花茶更具诗情画意。

一、花茶的特点

花茶集茶味与花香于一体，茶引花香，花增茶味，相得益彰。花茶既保持了浓郁爽口的茶味，又有鲜灵芬芳的花香。冲泡品饮，花香袭人，甘芳满口，令人心旷神怡。

花茶是采用绿茶的茶坯，少量红茶和乌龙茶，再与鲜花窨制而成的一种再加工茶。这种茶富有花香，以窨的花种命名，如茉莉花茶、牡丹绣球、桂花乌龙茶、玫瑰红茶等。花茶又名“窨花茶”“香片”等。饮之既有茶叶的爽口浓醇之味，又有鲜花的馥郁之气。

图 7-1 花茶

花茶外形条索紧结匀整，色泽黄绿尚润；内质香气鲜灵浓郁，具有明显的鲜花香气；汤色浅黄明亮，叶底细嫩匀亮。

花茶宜于清饮，不加奶、糖，以保持天然香味。用瓷质小茶壶或瓷质盖碗泡茶，用以独啜，待客则用较大茶壶，冲以沸水，三五分钟后饮用，可续泡一两次。

图 7-2 绿茶

图 7-3 红茶

图 7-4 乌龙茶

学习笔记

图 7–5 茉莉花

图 7–6 桂花

图 7–7 玫瑰花

二、花茶的生产制作

花茶较为大量的生产始于 1851—1861 年的清咸丰年间。1949 年后，我国花茶生产有较大的发展，产销量逐年增加，主销东北、华北、山东、港澳地区，出口东南亚各国。

加工窨制是将鲜花和经过精制的茶叶拌和，在静止状态下茶叶缓慢吸收花香，然后筛去花渣，将茶叶烘干而成。按所用鲜花划分，有茉莉花茶、白兰花茶、珠兰花茶、玳玳花茶及桂花、玫瑰、柚花等花茶。

（一）茶叶

一般以烘青绿茶为茶坯，因其组织结构疏松，吸香性强，茶味清纯，用以窨花，能使茶香花香融为一体。制作时先将烘青毛茶去除片、末、梗等，精制成符合商品规格要求的茶坯。

（二）花

用来窨制茶叶的花可以分成两类：气质花和体质花。气质花的花瓣及花蕊不含花香，香味物质在花朵开放时释放，这类花最具代表性的有茉莉花、玉兰花；体质花的香味物质蕴含在花体，开花时释放少部分香气，主要有玫瑰花、桂花、菊花、金银花等。

茶叶具有很强的吸附性，所以两类花都适合用来制作花茶。特别是气质花，因花朵本身不具留香能力，只能借助茶叶吸收，保留花香，以茉莉花茶最为典型。

学习笔记

茉莉花每年分三期开放，第一期于初夏时节盛开，称为“头花”或“霉花”；第二期于暑期伏天盛开，称为“伏花”或“夏花”，用伏花窨制的茉莉花茶，其品质最为清香宜人；第三期则为入秋后盛开的“秋花”。另外还有玫瑰花、桂花。由于花的成本较高，用这两种花窨制的花茶价格也相对较高。

（三）窨制

鲜花应选用当天采摘的成熟花朵，经过摊、堆、筛、晾等维护和助开过程，使花朵开放匀齐，再与茶坯按一定配比拌和均匀，堆积静置，让茶坯尽量吸收鲜花持续吐放的香气。窨制期间，有的还需视其堆温的变化翻拌通风散热，以降低堆温和透换新鲜空气，从而利于鲜花恢复生机，继续吐香，通过调换茶花接触面，使茶坯均匀地吸香。最后筛去花渣，完成一个窨次。

不同品种级别的花茶，窨制时间、下花量、窨次各异，多窨次的花茶，其下花量逐次递减。为了提高鲜爽度，有的花茶还配以适量的白兰鲜花打底。成品一般分为1～6级和片茶。

很多人会有这样的误解，茉莉花茶越好，就带有越多的茉莉花。如果看不到茉莉花，那就是不好的花茶，或者是用香精做出来的。但事实恰恰相反。

茉莉花干本身不带花香，又有极强的吸水性，留在茶叶中易吸收水分发生腐败，影响茶叶质量。所以窨花后要筛除花干，高档花茶还要手工挑花。越好的花茶越难见到花干。低档的花茶窨花次数少，为节省工序，不挑除花干。有的茶叶花香极低，甚至加入无用的花干作为点缀。

三、花茶的主要名品

花茶有茉莉银针、茉莉绣球、玫瑰针螺、玫瑰绣球、玫瑰红茶、桂花乌龙等。

图7-8 茉莉银针

图7-9 玫瑰绣球

图7-10 桂花乌龙

学习笔记

任务2 花茶沏泡服务与品饮技巧

一、花茶沏泡茶具与用具

花茶的茶具与绿茶、红茶大致相同，但主要的沏泡器皿为盖碗，在此不再赘述，请参考前文内容。

扫码学花茶沏泡

二、花茶泡茶步骤与技巧

表 7–1 花茶泡茶步骤与技巧

操作步骤	操作示范	注意事项
1. 恭迎嘉宾		准备盖碗(根据品茶人数而定)、茶仓、随手泡、茶荷、茶艺用具、茶巾、水方。
2. 鉴赏佳茗		用茶匙从茶仓中轻轻拨取适量茶叶入茶荷，供客人欣赏干茶外形。根据需要，可用简短的语言介绍一下即将冲泡的茶叶品质特征和文化背景，以引发品茶者的兴趣。
3. 温盏洁具	  	将盖碗依次倾入 1/3 杯的开水，然后从左侧开始，双手捏住杯身，摇晃杯子，使茶杯里面受热均匀，最后将杯中的开水依次倒入水方。

学习笔记

续表

操作步骤	操作示范	注意事项
4. 佳茗入盏		用茶匙将茶荷中的茶叶一一拨入茶杯中待泡。每50毫升容量用茶1克。
5. 静温香芽	 	将随手泡的开水注入杯中，约放杯的1/3，目的是温润茶叶。
6. 悬壶高冲		冲水至杯的七成满。
7. 敬奉香茗		双手将茶送到客人面前，放在方便客人提取品饮的位置。茶放好后，向客人伸出右手，做出“请”的手势，或说“请品茶”。
8. 盖碗的品饮演示	  	右手揭盖闻香。 欣赏茶汤颜色。 拨去茶末，细品香茗。
9. 回味余韵		品茶要细品、静品。

学习笔记

三、花茶的沏泡步骤及方法

中国是文明古国，礼仪之邦，又是茶的原产地和发祥地，茶伴随中华民族走过了5000余年的历程。“一杯春露暂留客，两腋清风几欲仙”。茶与人们的日常生活息息相关，它融茶之清韵与花之幽香于一体，花香、茶味相得益彰。

第一步：恭迎嘉宾。

第二步：鉴赏佳茗。

赏茶、评茶之步骤，首先在赏干茶。油亮美观的茶叶还未冲泡已令人神往。今天为大家冲泡的是玫瑰针螺。该茶外形碧绿似螺，并有少许花瓣。

第三步：温盏洁具。

盖碗是一杯三件的盖杯，包括盖、杯身、杯托。杯为白瓷反边敞口瓷碗，以江西景德镇出产的最为著名。用盖碗泡茶，揭盖、闻香、尝味、观色都很方便。盖碗造型美观，题词配画都很别致。以盖碗泡茶奉客，人奉一杯，品饮随意。

第四步：佳茗入盏。

置茶，美其名曰“佳人入宫”，香叶、嫩芽静置于碗中。

第五步：静温香芽。

干茶充分吸取水之甜润，初步伸展，茶香四溢，“清茶一盏也能醉人”。玫瑰针螺属花茶类，它既是香味芬芳的饮料，又是高雅的艺术品。它是先用洁白高贵的茉莉花窨香，再用玫瑰花窨香，最后将玫瑰花瓣撒在茶叶上。茶能吸花香增茶味，香气鲜灵持久，滋味醇厚鲜爽，汤色呈淡粉色，有浓郁的玫瑰花香，是茶中精品。

第六步：悬壶高冲。

第七步：敬奉香茗。

第八步：盖碗的品饮演示。

女士饮茶动作要轻柔静美，提盖碗于胸前，缓缓旋转杯盖闻香，即可感到扑面而至的清香。随后观赏茶汤颜色，拨去茶沫，细品香茗。男士饮茶则讲究气度豪放，潇洒自如。闻香和品茗动作要粗犷大气，品茗时单手持碗，与大家共饮，共同分享茶之清雅韵味。

第九步：回味余韵。

品茶要静品、细品，独饮得神，对饮得趣，品饮得味，聚饮得益。愿您也能在闲暇之余，用心泡上一碗茶，细品茶中之味，茶中

学习笔记

之情，茶中之韵。

表演结束，谢谢大家。

四、花茶的品饮技巧

花茶既保持了原有茶叶的味，又吸收了花香，相互交融，有“引花香，益茶味”之说，重在寻味探香。

冲泡花茶，一般选用盖碗。冲泡前，可欣赏花茶的外观形状，闻干茶的香气。冲泡 3 分钟后，左手端杯，右手拇指和中指捏住盖纽，食指抵住纽面，向内翻转碗盖，闻盖香。然后赏茶汤，看茶叶在水中飘舞、沉浮。最后用碗盖轻轻将汤面的浮叶拨开，并斜盖于碗口，从碗盖与碗沿的缝隙中啜饮。品饮时，让茶汤在口中稍事停留，以口吸气与鼻呼吸相结合的方式，使茶汤在舌面上来回往返流动，充分与味蕾接触，如此一两次，再徐徐咽下，即会感受到颊齿留香，精神愉悦。

需要说明的是，花茶中除了极品茶可以欣赏茶外形，一般花茶的品饮只要抓住闻香和品香就可以了。至于花茶的茶汤，因在窨花过程中，茶坯在吸香的同时，也吸收了一定数量的水分，会使茶汤颜色发生一定的变化，所以，一般不对花茶的色泽有过高的要求。花茶是诗一般的茶叶，是融茶味之美、鲜花之香于一体的茶中艺术品。在花茶中，茶叶滋味为茶汤的本味，花香为茶汤滋味之精神。茶味与花香巧妙地融合，构成茶汤适口、芬芳的韵味，两者珠联璧合，相得益彰。

学习笔记

拓展阅读

1. 茉莉花茶的小典故

相传，很早以前北京茶商陈古秋同一位品茶大师研究北方人喜欢喝什么茶，陈古秋忽想起有位南方姑娘曾送给他一包茶叶未品尝过，便寻出请大师品尝。冲泡时，碗盖一打开，先是异香扑鼻，接着在冉冉升起的热气中，看见有一位美貌姑娘，两手捧着一束茉莉花，一会儿工夫又变成了一团热气。陈古秋不解，就问大师，大师说：“这茶乃茶中绝品——报恩茶。”陈古秋想起三年前去南方购茶住客店遇见一位孤苦伶仃少女的经历，那少女诉说家中停放着父亲尸身，无钱殡葬，陈古秋深为同情，便取了一些银子给她。三年过去，今春又去南方时，客店老板转交给他一小包茶叶，说是三年前那位少女交送的。当时未冲泡，谁料是珍品。“为什么她独独捧着茉莉花呢？”两人又重复冲泡了一遍，那手捧茉莉花的姑娘又再次出现。陈古秋一边品茶一边悟道：“依我之见，这是茶仙提示，茉莉花可以入茶。”次年便将茉莉花加到茶中，从此便有了一种新茶——茉莉花茶。

2. 花草茶

（1）什么叫花草茶

花草茶首先是从欧洲传过来的。一般我们所说的花草茶，特指那些不含茶叶成分的香草类饮品，所以花草茶其实是不含茶叶成分的。

图 7-11 花草茶

确切来说，花草茶指的是将植物之根、茎、叶、花或皮等部分加以煎煮或冲泡，而产生芳香味道的草本饮料。英文中 Herb 一词是由拉丁语 erba 转变而成，源于地中海地区的古语，就是“草”的意思，在中文则翻译成“药草”或是“花草”。花草的定义相当广。草本植物因其香味、刺激性或其他好处而将整株或部分干燥后利用，包括了根、茎、皮、花、枝、果实、种子、叶等，都可以称为花草，它的成长期较木本植物短，且方便取用，用途可以说是千变万化。

（2）花草茶语

花草茶吸天地之灵气、集旷野之朝露、汇山河之精神。在崇尚绿色环保的今天，花草茶已成为人们“回归自然、享受健康”的好茶，它带给人们一种天然草本饮品，同时也带给人们一种纯净自然的生活方式。

（3）花草茶的渊源

以花代茶饮用的方法，来源于古代宫廷贵族的美容习惯。16 世纪，女子们还习惯在身上佩戴装有花卉的布袋，以防止细菌感染，并达到芳香的效果。当时也已经把花卉药材用于烹饪食品上。

中国第一本药草志《神农本草经》记载了三百多种药物，其中收录了大量的具有

图 7-12 玫瑰花

学习笔记

美容和保健作用的花卉品种。辽金时代的萧太后，经常冲泡金莲花饮用。清朝宫廷非常盛行饮用花卉茶，尤其推崇采自塞外坝上的金莲花。康熙皇帝御笔题词“金莲映日”以表赞赏之情，并将其列为宫廷贡品。乾隆皇帝在《御制热河志》中封金莲花为“花中第一品”。

（4）花草茶的沏泡方法

花草茶的沏泡方法分两种，一种是壶泡法，一般用花和叶做成的花草茶其成分容易分解，所以多用此法；另一种是煮沸法，花草茶原料是植物的根、茎、果实等，需要煮沸才能释放味道的则最好选用此法。

煮花草茶最好选用玻璃器皿、不锈钢或陶瓷制品，现在的茶艺馆大多数选择用透明的玻璃茶壶煮茶，透过透明的茶壶看着或红或绿的花草舒展的姿态。随着沸水亦浮亦沉的花草亦不失为一道风景线。喝茶的用具以玻璃杯、陶瓷杯为佳。

泡茶用的水最好是沸腾的开水，这样才能把花草完全冲开，释放其中的精华。花草茶浸泡时间一般在10~15分钟，时间太短，泡不出花草的味道，时间过长，茶的味道太涩，因此把握好浸泡时间十分重要。

（5）常见的花草茶配方

如今喝花草茶的人都喜欢混搭，把不同的花草茶搭配在一起泡制。混搭花草茶最好不要超过三种，几种常见的花草茶配方为：①桂花＋菩提子花；②玫瑰果＋洋甘菊＋山楂；③马鞭草＋柠檬草＋迷迭香；④玫瑰花＋蜜枣。

图7-13　桂花＋菩提子花

图7-14　玫瑰果＋洋甘菊＋山楂

图7-15　马鞭草＋柠檬草＋迷迭香

图7-16　玫瑰花＋蜜枣

学习笔记

评价标准

花茶的沏泡实训评价表

姓名： 分数：

项目	具体评分标准		应得分	实得分
准备茶具	1. 茶具整齐干净、沏泡用具齐全		3	
	2. 茶桌上各种物品齐全、数量合理、摆放整齐		3	
	3. 随手泡干净、光亮、工作正常		3	
	4. 将适当的纯净水注入随手泡		3	
表演前向客人问好	1. 声音清脆、口齿清楚、向客人点头问好		3	
	2. 打开煮水器		3	
介绍茶具	1. 茶道组合		3	
	2. 盖碗		3	
	3. 水方		3	
	4. 茶仓		3	
	5. 茶巾		3	
	6. 茶荷		3	
	7. 随手泡		3	
操作步骤及解释	1. 温盖碗	①左手拿随手泡，将开水倒至盖碗中 1/3 处	3	
		②右手拿盖碗将温盖碗的水倒入茶船中	3	
		③介绍盖碗沏泡法	5	
	2. 置茶	用茶则盛茶叶拨置茶荷中	5	
	3. 赏茶	双手拿起茶荷请客人观赏，并介绍茶叶名称	5	
	4. 茶叶拨置盖碗中	茶叶量均匀	5	
	5. 冲水	七分满	5	
	6. 介绍茶叶	①产地	10	
		②特点	10	
	7. 奉茶	双手奉上	5	
	8. 结束	点头向客人示意	5	
操作时间	分	秒	超时扣分	
老师签字				

说明：

1. 评分表共有四大项，评分时需在失误项目后填写扣分情况。
2. 采取全程计时，总成绩按操作时间和总计得分综合评定。

学习笔记

综合练习

根据你掌握的花茶的冲泡技巧用玻璃壶冲泡一壶玫瑰红茶，并记录以下相关内容。

茶具的准备：

水温的要求：

冲泡时间：

冲泡方法：

香气、滋味：

自我评价：

学习笔记

第八单元

茶艺馆的建设与经营管理

学习目标

本单元应该了解的知识

茶艺馆的类型及特点

茶艺馆的布置要求

茶艺馆工作人员的岗位职责

世界各国的饮茶习俗

本单元应该掌握的技能

熟练掌握茶艺馆的服务流程及各种茶的沏泡方法

任务1 认识茶艺馆

茶艺馆是现代茶艺产生后的新生事物，在弘扬中国传统的优美茶文化、促进茶叶的消费、提高社会休闲生活的品质等方面发挥了积极作用。茶艺行业吸引着越来越多的经营者和顾客，影响所及，已扩大到全国各地和海外华人社会。茶艺馆是小型文化交流中心，能够丰富人们的文化生活，以茶为媒介，提供幽雅、舒适的休闲环境。在这里人们可以自在地聊天，冷静地洽谈，悠闲地阅览，还可以下棋和听曲，举办各类茶事活动。茶艺馆通常布置雅致，气氛悠闲，富于文化气息，凡是到茶艺馆来的人都能感受到宁静、安逸的氛围。在紧张、烦躁、刻板的现代工业社会，茶艺馆是难得的躲避尘世烦恼的好地方。

学习笔记

茶艺馆与过去各种茶艺馆最大的差别，是把饮茶从日常生活的一部分开发成富有文化气息的品饮艺术，从饮茶艺术中体现中国人的传统精神和传统品德。在茶艺馆饮茶不仅有益于身心的健康，更是一种艺术的享受。

一、茶艺馆的特点

（一）茶艺馆的特性

现代茶艺馆在服务领域中比较独特，它以茶艺和品茗为载体，来满足顾客物质和精神方面的多种需要，具有品茶论艺、休闲娱乐、文化交流、艺术欣赏、商务洽谈、社会交往等多种功能，是一个综合性很强的服务场所。因为它适应了当前的消费趋势和潮流，所以发展迅速。一个茶艺馆要更好地发挥自己的功能，获得竞争优势，就必须结合茶艺行业的特点，加强经营管理，提高服务水平，以优质高效的服务赢得顾客。

图 8-1　茶艺馆装饰一

茶艺馆的经营利用空间场地、设备和一定消费性物质资料，通过人的服务活动来满足顾客的需要，从而实现经济效益和社会效益。茶艺馆的经营管理是一项专业性比较强的工作，除了具有一般性服务行业的共性，它还具有

图 8-2 茶艺馆装饰二

自身的特点和内容。

茶艺馆表现的是茶艺和茶文化，其服务的内容也代表了中华民族文化精神的内容，可以说，茶艺馆是民族文化的浓缩。随着社会的发展，茶艺馆越来越成为人们社交的重要场所，茶艺馆悬挂的字画、古朴典雅的家具、悠扬的民族音乐、具有民俗特色的挂饰和装饰、风格各异的民族服装和工艺品，再加上各种各样的茗茶、引人入胜的茶艺表演，让人在领略茶文化的风韵的同时，也能感受民族文化的丰富内涵。茶艺师通过语言、形体动作、情感交流等向顾客展示茶文化，诠释中国优秀的民族文化。

很多茶艺馆在装饰、陈列上，突出某一时代的特征，将该时代各种艺术综合地渗透和融合，充分地展示其艺术魅力。这里不仅有茶艺，还有琴、棋、书、画、诗、词、歌、赋，以及服装、工艺品、食品等，共同营造出一个和谐的艺术氛围。在这样的环境中，就要求从业人员努力学习茶艺和茶文化知识，不断提高艺术修养，通过自己的不断努力来展示民族文化艺术的无穷魅力。

图 8-3 茶艺馆装饰三

学习笔记

（二）茶艺馆的服务

从服务对象看，茶艺馆的顾客多种多样。有的人文化素质较高，追求高雅、宁静的环境和艺术享受；有的人是为了社交或商务需要；有的人跟随风尚，追求时髦。由于各自的文化素质、兴趣爱好、风俗习惯、品茗动机不同，他们对茶艺服务的要求也就存在一定的差别，这就要求茶艺馆不断提高服务人员的服务技能和服务水平。

图 8-4 茶艺馆装饰四

茶艺馆的核心产品是服务。服务产品具有无形性、随机性、服务的提供与客人消费的同时性、顾客的参与性等特点，使其与有形产品的消费表现出明显的不同。这不仅要求服务人员知识全面、技能娴熟，而且还要他们独具慧眼，善于观察和分析顾客，了解顾客的真实需求，及时调节现场气氛，表现出服务的灵活性、随机性和亲和性，使顾客与茶艺馆的气氛能融为一体，积极主动地参与到茶艺过程中，更好地理解和接受茶艺馆的服务。

当然，追求良好的经济效益，是茶艺馆生存和发展的必要条件。但是，由于茶艺行业的特殊性，在经营管理过程中，更要强调其社会效益。茶艺能够净化心灵，美化人生，善化社会，促进人与人之间的和谐，推动社会文明的进步。茶艺馆在经营过程中，要注意茶文化的宣传和普及。同时，良好的社会效益也能促进茶艺馆经济效益的提高。

大多数茶艺馆尽管规模不大，但对经营管理却设定了较高的要求。茶艺馆的经营管理涉及方方面面，内容繁杂，要想在激烈的市场竞争中发挥茶艺馆的功能，获得良好的经济效益和社会效益，就必须不断提高经营管理水平。

学习笔记

（三）茶艺馆的文化

为了更好地体现茶叶的灵性，展示茶艺之美，演绎茶文化的丰富内涵，在进行茶艺服务时要体现出以下特点。

1. 礼

在服务过程中，要注意礼貌、礼仪、礼节。以礼待人，以礼待茶，以礼待器，以礼待己。

2. 雅

茶乃大雅之物，尤其在茶艺馆的氛围中，服务人员的语言、动作、表情、姿势、手势等要符合雅的要求，努力做到言谈文雅，举止优雅，尽可能地与茶叶、茶艺、茶艺馆的环境相协调，给顾客一种高雅的享受。

3. 柔

茶艺师在服务时，动作要柔和，讲话时语调要轻柔、温柔、温和，展现出一种柔和之美。

4. 美

美主要体现在茶美、器美、境美、人美等方面。茶美，要求茶叶的品质要好，货真价实，并且要茶艺师通过高超的茶艺把茶叶的各种美感表现出来。器美，要求茶具的选择要与冲泡的茶叶、客人的心理、品茗环境相适应。境美，要求茶室的布置、装饰要协调、清新、干净、整洁，台面、茶具应干净、整洁且无破损等。人美，体现在服装、言谈举止、礼仪礼节、品行、职业道德、服务技能和技巧等方面。

5. 静

静主要体现在境静、器静、心静等方面。茶艺馆最忌喧闹、喧哗、嘈杂之声，音乐要柔和，交谈声音不能太大。茶艺师在使用茶具时，动作要娴熟、自如、柔和，要轻拿轻放，尽可能不使其发出声音，做到动中有静，静中有动，高低起伏，错落有致。心静，就是要求心态平和，心平气和。茶艺师的心态在泡茶时能够表现出来，并传递给顾客，表现不好，就会影响服务质量，引起客人的不满。因此，管理人员要注意观察茶艺师的情绪，及时调整他们的心态。一位营销专家曾指出，推销自己比推销商品更重要。茶艺馆老板不应只在乎客人消费了多少，他更要在乎客人能否回头再来。一些有远见的茶艺馆老板，非常留意有多少高层次、高品位的客人是因茶艺师而来，因为作为茶人，茶艺馆老板是儒商，高朋满座是他的追求。茶艺师吸引顾客靠的是自己的人格魅力，要努力做足自己，实现个性化服务。

6. 微笑

一个好的茶艺师脸上时刻挂着微笑。有魅力的微笑，以及发自内心的得体的微笑，对体现茶艺师的精神十分重要。茶艺师每天可以对着镜子练微笑，但真诚的微笑发自内心，只有把客人当成了心中的“上帝”，微笑才会光彩照人。茶艺师应该轻声细语。但对不同的客人，茶艺师应主动调整语言表达的速度，对善于言谈的客人，可以加快语速，或随声附和，或点头示意；对不喜欢言语的客人，可以放慢语速，增加一些微笑和身体语言，如手势、点头。总之，与客人步调一致，才会受到欢迎。茶艺师讲茶艺不要讲得太满，从头到尾都是自己在说，这会使气氛紧张。应该给客人留出空间，引导客人参与进来，除了让客人品茶外，还要让客人开口说话。引出客人话题的方法很多，如赞美客人，评价客人的服饰、气色、优点等，这样可以迅速缩短和客人之

图 8-5　茶艺人员的微笑

学习笔记

间的距离。知茶懂茶，知识面广，表演得体等，这是优秀茶艺师的必备素质。

要从服务的细节上让客户舒服和满意。来到茶艺馆的客人除了生意洽谈，往往是来放松、享受和交流的。因此，他们对一些事情非常敏感，一些细小的管理上的疏忽往往会导致他们的不满意。比如在包间计费上，他们往往担心商家多算时间。而一些茶艺馆由于只是手工记录客人进入包间的时间，在计费、打折时间上容易引起客人的不快和争议。在茶艺馆的经营管理中，除了服务员本身对客人提供主动、热情、周到的服务，在管理细节上提高客人的满意度也是非常必要的。从客人进茶艺馆到出茶艺馆，要让其感觉到茶艺馆不仅仅是休闲和放松的场所，更是获得一种完全贴心的全方位服务的场所。

现代茶艺馆在经营内容上，较之昔日茶艺馆，也有延伸拓展。有的茶艺馆提供糖果小吃、点心茶食，新增研习茶道、学习茶艺活动，兼卖茶叶、茶具、陶器、字画，还可读书上网等。有的茶艺馆茶食、茶菜花样百出，发展而为茶宴馆。茶艺馆在经营方式上也灵活多变，通过连锁经营、规模经营以增强生存能力、竞争能力，同时也能更好地为消费者提供多种服务。

茶艺馆目前方兴未艾，已显示出发展的良好态势和蓬勃的生命力，它的进一步充实和完善还需要时间，以及更多的有识之士和大众的参与。

学习笔记

二、茶艺师仪容仪表的要求

礼仪是一个宽泛的概念，它是人们在共同生活和长期交往中约定俗成的社会规范，它指导和协调个人或团体在社会交往过程中实施有利于处理相互关系的言行举止。

（一）仪容仪表的要求

仪表所指的是人的外表，它包括容貌、服饰、姿态等方面。端庄、美好、整洁的仪表在接待过程中能够使客人产生好感，从而有利于提高工作的效率。谈到茶艺，泡茶的人与泡茶的过程、所冲泡的茶叶已融为一体，这时泡茶者的服装仪容心态，应与环境相配合。

1. 得体的着装

服装，大而言之是一种文化，它反映着一个民族的文化素养、精神面貌和物质文明发展的程度；小而言之，服装又是一种语言，它能反映出一个人的职业、文化修养、审美意识，也能表现出一个人对自己、对他人以至对生活的态度。着装的原则应是得体和谐。

泡茶的服装不宜太鲜艳，要与环境、茶具相匹配。品茶需要一个安静的环境和平和的心态。如果泡茶者服装颜色太鲜艳，会破坏和谐、优雅的气氛，使人有浮躁不安的感觉。春天到来，穿着清新的淡色衣服；寒冷的冬天，穿着看起来温暖的深色衣料。另外，服装式样应以中式为宜，袖口不宜过宽，否则会沾到茶具或水，给人一种不卫生的感觉。服装要经常清洗，保持整洁。

2. 整齐的发型

茶艺人员的发形要求与其他岗位的有一些区别。主持茶艺操作的人员，头发应梳洗干净、整齐，而且避免头部向前倾时，头发散落到前面来，这样既影响操作又会挡住视线。泡茶时，如果有头发掉落到茶具或操作台上，客人会感觉很不卫生。发型原则上要根据自己的脸型设计，要适合自己的气质，给人一种舒适、整洁、大方的感觉。

图 8-6 茶艺人员的发型

3. 优美的手形

茶艺人员要有一双纤细、柔嫩的手，平时注意适时的保养，随时保持清洁、干净。在泡茶的过程中，客人的目光始终停留在茶艺人员的手上，以欣赏泡茶的全过程，因此茶艺人员的手极为重要。

图 8-7 茶艺人员的手形

茶艺人员的手上不要戴饰物，因为如果佩戴太“出色”的首饰，会有喧宾夺主的感觉，显得不够高雅，而且体积太大的戒指、手链也容易敲击到茶具，发出不协调的声音，甚至打破茶具。手指甲不要涂上颜色，否则给人一种夸张的感觉。茶艺操作过程中，主持者使用双手操作一切，比如拿茶壶或其他茶具，如果手没洗干净，很可能会污染茶叶与茶具。在茶艺比赛的时候，常听到评审老师提到“有的参赛者的杯子有化妆品的味道，有的杯子有肥皂的味道”，这是因为洗手时没把清洁剂的味道彻底冲掉，或

学习笔记

是泡茶之前以手托腮，沾上了脸上化妆品的味道。

茶艺人员的指甲要及时修剪整齐，保持干净，不留长指甲。

4. 姣好的面部

茶是淡雅的事物，茶艺人员脸部的妆不要太浓，也不要喷味道浓烈的香水，否则茶香被破坏不说，还会给人感觉与茶叶风格不一致。为客人泡茶时，可化淡妆。

茶艺人员的面部平时要注意护理、保养，保持清新健康的肤色。在为客人泡茶时面部表情要平和放松，面带微笑。

5. 优雅的举止

举止是指人的动作和表情，日常生活中人的一举手一投足、一颦一笑都可概括为举止。举止是一种不说话的语言，它反映了一个人的素质、受教育的程度及能够被人信任的程度。

图 8-8　茶艺人员的举止

对于茶艺人员来讲，在为客人泡茶过程中的一举一动尤为重要。就拿手的动作来说，如果左手支在桌上，右手泡茶，人显得很懒散；如果右手泡茶，左手不停地动，给人一种紧张的感觉；如果一手泡茶，一手垂直吊在身旁，从对方看来，就像缺了一只手的样子，不用的手最好自然放在操作台上。

在放置茶叶时，为了看清茶叶放了多少，把头低下来往壶内看会显得不够安详；担心泡过头，放着客人不管，瞪着计时器看，也是不好的动作；弯着身体埋头苦干，会显得个性不够开朗，待客不够亲切。泡茶时，身体应尽量不要倾斜，不给人失重的感觉。

一个人的个性很容易从泡茶的过程中表露出来。茶艺人员的姿态动作，潜移默化地影响着一个人的心情。当你看到一个人笑眯眯地端端正正冲泡着她最好的春茶时，还来不及喝就已经感染了喜悦的气氛。

茶艺人员开始练习泡茶的时候，要一个动作、一个动作地背出来，只求正确，打好基础；慢慢地，各项动作会变得纯熟。这时就要注意两件事：第一，将各项动作组合的韵律感表现出来；第二，将泡茶的动作融进与客人的交流中。

泡茶时，茶的味道尤为重要，但泡茶人得体的着装、整齐的发

学习笔记

型、优美的手形、姣好的面部和优雅的举止也会给人一种赏心悦目的感觉，使品茶真正成为一种享受。

（二）茶艺人员的服务姿态

1. 站姿

优美而典雅的站姿，是体现茶艺服务人员自身素养的一个重要方面，也是体现服务人员仪表美的起点和基础。

站姿的基本要求是：站立时直立站好，从正面看，两脚脚跟相靠，脚尖开度在 45~60 度。身体重心线应在两脚中间向上穿过脊柱及头部。双腿并拢直立，挺胸，收腹，梗颈。双肩平正，自然放松。双手自然交叉于腹前。双目平视前方，嘴微闭，面带笑容。

图 8-9　茶艺人员正确的站姿

2. 坐姿

茶艺人员在工作中经常要为客人沏泡各种茶，有时需要坐着进行，因此良好的坐姿也显得尤为重要。

正确的坐姿是：泡茶时，挺胸、收腹、头正肩平，肩部不能因为操作动作的改变而左右倾斜。双腿并拢。双手不操作时，平放在操作台上。面部表情轻松愉悦，自始至终面带微笑。

3. 走姿

人的走姿可体现一种动态的美，茶艺人员在工作时经常处于行走的状态中。每个人由于诸多方面的差异，在生活中形成了各种各样的行走姿态，或多或少地影响了人体的动态美感。因此，要通过

图 8-10　茶艺人员正确的坐姿

图 8-11　茶艺人员正确的走态

学习笔记

对茶艺人员的正规训练，使他们掌握正确优美的走姿，并运用到工作中去。

走姿的基本要求是：上身正直，目光平视，面带微笑；肩部放松，手臂自然前后摆动，手指自然弯曲；行走时身体重心稍向前倾，腹部和臀部要向上提，由大腿带动小腿向前迈进；行走线迹为直线。

步速和步幅也是行走姿态的重要要求。茶艺馆工作的性质决定，服务员在行走时要保持一定的步速，不要过急，否则会给客人不安静、急躁的感觉。步幅是每一步前后脚之间的距离，一般不要求步幅过大，否则会给客人带来不舒服的感觉。

总之，正确的站姿、坐姿、走姿是提供良好服务的一个重要环节和基础，也是使客人在品茶时得到感官享受的一个重要方面。

学习笔记

任务2 茶艺馆的环境布局与服务

品茗喝茶，除了要有好的茶叶、好的茶具、好的水、好的泡茶技艺，品茗环境的设计也是重要的一环。自古以来，茶人就重视品茗环境，早期喝茶的地方叫作“围”，也就是在住家客厅的一角，以屏风围起来，加以适当的摆设作为喝茶的环境。后来生活条件好一点了，就腾出一个房间来，专门作为喝茶的地方，称作“茶间”。物质条件丰富后，建一座幽雅的房子作为专门饮茶的地方，就叫作“茶室”。现代的茶艺馆是为了品茗而设置的场所。

一、茶艺馆的主要类型

（一）仿古式茶艺馆

仿古式茶艺馆在装修、室内装饰、布局、人物服饰、语言、动作、茶艺表演等方面，都以某种古代传统为蓝本，对传统文化进行挖掘、整理，并结合茶艺的内在要求重新进行现代演绎，展

图 8–12　仿古式茶艺馆

示古典文化的整体面貌。各种各样的宫廷式茶楼、禅茶艺馆等是典型的仿古式茶艺馆。

（二）庭院式茶艺馆

庭院式茶艺馆以江南园林建筑为蓝本，结合茶艺及品茗环境的要求，设有亭台楼阁、曲径花丛、拱门回廊、小桥流水等，给人一种“庭院深深深几许”的心理感受。室内多陈列字画、文物、陶瓷等各种艺术品，让现代都市人在繁忙的生活中去寻找回归自然、心静神宁的感觉，进入“庭有山林趣，胸无尘俗思”的境界。

图 8–13　庭院式茶艺馆

（三）园林式茶艺馆

园林式茶艺馆突出的是清新、自然的风格，或依山傍水、或坐落于风景名胜区。如果是一个由室外空间和室内空间共同组成的独门大院，往往营业场所比较大。室外有小桥流水、绿树成荫、鸟语花香，突出的是一种纯自然的风格，让人直接与大自然接触，从而达到室内人造园林达不到的一种品茗的意境。这种风格是与现代人追求自然、返璞归真的心理需求相契合的，但它对地址的选择、环境的营造有较高的要求，因此现代茶艺馆中为数较少。

图 8–14　园林式茶艺馆

（四）现代式茶艺馆

现代式茶艺馆的风格比较多样化，往往根据经营者的志趣，结合房屋的结构依势而建，各具特色。有的是家居厅堂式的，开放式的大厅与各种包房自然结合；有的拱门回廊，曲径通幽；有的清雅、古朴，讲究静雅；有的豪华、富丽，讲究高档气派。内部装饰上，名人字画、古董古玩、花鸟鱼虫、报刊书籍、电脑电视等各有侧重，并与整体风格自然契合，形成相应的茶艺氛围。通常以家

图 8–15　现代式茶艺馆

学习笔记

居厅堂式的茶艺馆较为多见，既有开放的大厅，又有多种风格的房间，客人能够根据兴致做出选择。现代式茶艺馆往往注重现代茶艺的开发研究，在经营理念上紧跟时代潮流，强调规范化管理和优质服务，通过营造温馨舒适、热情周到的服务氛围来吸引客人。

二、茶艺馆整体环境的要求

茶艺馆布置、陈列要讲求情调。常言道："赏花须结韵友，登山须结逸友，泛舟须结旷友，对目须结冷友，踏雪须结艳友，饮酒须结豪友，品茶须结静友。"茶室为恬静的伴侣而设，茶将人带到对人生沉思默想的境界，茶象征着尘世的纯洁，茶性无邪。因此，品茶的厅堂陈设，通常讲究古朴、雅致、简洁、气氛悠闲，富于文化气息，芬芳满室，清雅宜人。

图 8-16　茶艺馆的外观装修

茶艺馆外观装修追求典雅别致，内部装潢和桌椅陈设力求幽静、雅致，四壁或柱上悬挂书画或雕刻，在适当的位置摆放盆景、插花以及古玩和工艺品，还可以摆设书籍、文房四宝以及乐器和音响，或点香以增添优雅和平静的气氛。

总结古今茶经，品茶环境追求一个"幽"字，幽静雅致的环境是品茶的最佳选择。品茶环境要求清洁、幽静、雅致。在杂乱、喧闹、不洁之地，则领略不到茶的真情趣。

主张返璞归真者，可将茶室布置得充满田园乡土气息，力求雅致简洁，体现宁静、安逸、和谐的气氛。至于空间的大小，可根据条件而定，大则厅堂，小则阳台、客厅一角都可以，"室雅何须大"，重要的是一个"雅"字。

在品茶厅堂或茶室，悬挂与品茶场所和茶事相配合的书画，不仅可升华品茶环境的美雅境界，还可为品茶助兴，引发话题和情趣。

品茗环境在追求"净""雅""洁"之外，要注意光线的柔和、空气的流通，摆设装潢以纸窗、竹床、石枕、名花、琪树等较为普遍。"居不可无竹，无竹使人俗"，竹器、竹木的装饰是茶艺馆应用最多的原材料。

学习笔记

（一）茶艺馆布局的要求

茶艺场所的主要功能是提供品茗服务和休闲娱乐、商务洽谈的场所，所以布局主要分主体设施和附体设施两个方面。它们的设计都要在体现中国茶文化和品茗的氛围的前提下进行。

1. 主体设施

主体设施主要指品茶场所、茶水间、茶点房。

一般根据房屋结构和空间大小来设计大厅内的散座及雅间、包间。可根据整体的风格进行布局的合理分配。

图 8-17　茶艺馆的布局设计一

茶水间应与茶点房分开，茶水间主要是提供泡茶用水、茶叶日常使用储存、茶具储存的场所。

也有将茶水间和吧台设置在一起，一般收银台在外间面向大厅（备有日常茶叶储存专用保鲜柜、常用茶具等），内间设有泡茶用水、茶具清洗。也有将收银台放在大厅靠门的一侧。

茶点房可根据面积和空间、经营方向、卫生部门的要求进行设计。一般要遵循冷热分开、生熟分开的原则。也有的场所将各种茶点分别摆在大厅一侧，可由客人自选。

2. 附体设施

附体设施主要指库房、更衣室、洗手间、办公室等。

图 8-18　茶艺馆的布局设计二

库房一般设在干燥通风好、远离异味、不影响拿取物品又不影响客人喝茶的位置。

更衣室是服务人员进行换衣换鞋、化妆、休息的场所，一般备有更衣柜、化妆镜、休息椅等。场所应设在远离品茶区的较隐蔽的位置。

洗手间也应设在远离品茶区的地方，最好洗手间的门口面对窗户，便于通风和保持空气新鲜。

办公区域一般设在靠近门口。便于观察整体品茶环境的位置，有利于掌握整体状况，及时发现问题，服务客人更好地饮茶。

学习笔记

（二）茶艺馆的主要设备

由于茶艺行业的特殊性，茶艺馆对于茶艺设备的要求更加精细化。

1. 固定设备

空调、储存茶叶的保鲜柜、消毒柜、饮水机、茶车、乐器、茶具、电视机、音响、字画、工艺品、家具、消防器材。

2. 商品

茶叶、茶具、工艺品、茶专业书籍。

3. 库房内固定设备

备用茶具、日常用品、各种单据、备用茶叶。

三、与茶相关的服务种类及服务项目

现代茶艺服务业主要是在传统饮茶的基础上，加入了更浓的茶文化底蕴和不同的风格来满足人们的不同需求。

（一）种类

现代茶艺服务业基本分为茶艺馆、茶室、茶坊、茶餐厅、宾馆酒店中的音乐茶座、水吧、茶庄、茶叶批发等。

茶艺馆：形态各异，有的以发展传统、创新文化为主；有的以提供休闲为主；有的以销售特色茶为主。但无论哪种形态的茶艺馆都主要为客人提供休闲、娱乐、品茶、商务洽谈的一体化服务。

茶室：具有茶文化氛围的品茶、娱乐的场所。

茶坊：现代与传统相结合的娱乐、休闲场所，主要突出现代文化气息。

茶餐厅：茶文化与饮食文化相结合的综合性较强的服务场所，可以喝茶、就餐、饮酒等。

宾馆酒店中的音乐茶座：主要为客人提供休息、品茶、会客的场所，是宾馆酒店服务的一部分。

水吧：休闲的场所，其中包含茶饮料。

茶庄：主要以出售茶叶、茶具为主的服务场所。

茶叶批发：主要以批发为主，将茶叶出售到各大销售点。茶叶、茶具种类齐全，茶叶可以先进行品尝再购买。

（二）服务项目

传统茶产品：出售茶叶、茶具、茶专业书籍、茶点、水果、茶水、工艺品、字画等。

茶文化礼盒：茶叶礼盒（茶叶与茶具组合、茶叶与茶点组合、

学习笔记

茶叶与盘组合、茶叶与书籍组合等)；茶具礼盒(紫砂茶具、玻璃茶具、陶瓷茶具礼盒)；茶点礼盒(茶月饼、茶点心、茶梅等)。

代客存茶、代客养壶：当客人点的茶未喝完时，可以由店内用专业的方法存放，待下次饮用。客人可以在店内购买茶壶，也可在外面购买后委托店内的专业茶艺人员养护。

休闲娱乐与商务洽谈：为客人提供棋牌娱乐，配备电脑、打印机、传真机等设备。

茶文化互动：茶友会、笔会、茶艺交流、茶知识讲座、茶艺表演、现场炒茶等。例如，在春茶上市时，可在茶艺馆门前进行现场炒制，烘托茶文化，以扩大茶艺馆的知名度。节假日可为客人提供古筝古琴弹奏、茶知识有奖竞猜等娱乐活动。

任务3 茶艺馆的人员配备与分工

学习笔记

一、茶艺馆的组织结构

茶艺馆的工作人员主要包括经理、领班、迎宾员、茶艺师、茶艺员、收银员、采购员、茶叶质检员、保洁员、库房管理员。

二、主要岗位的工作职责

(一)经理的主要职责

第一，了解茶艺馆内的设施情况，监督和管理茶艺馆内的日常工作。

第二，安排员工班次，核准考勤表。

第三，对员工进行定期的培训，确保茶艺馆服务标准得以贯彻执行。

第四，经常检查茶艺馆内的清洁卫生、员工个人卫生、服务台卫生，以确保客人的饮食安全。

第五，与客人建立良好关系，协助营业推广，了解客人的意见和要求，以便提高服务质量。

第六，签署领货单及申请计划，督促及提醒员工遵守茶艺馆的规章制度和注意物品的保管。

第七，抓成本控制，严格堵塞偷拿、浪费等漏洞。

第八，填写工作日记，了解茶艺馆的营业情况、服务情况、客人投诉或建议等。

第九，经常检查常用货物准备是否充足，确保茶艺馆正常运转。

第十，及时检查茶艺馆设备的状况，做好维护保养、安全和防火工作。

（二）茶艺馆领班的主要职责

第一，接受经理指派的工作，全权负责本区域的服务工作。

第二，负责对本班组员工的考勤。

第三，根据客人情况安排好员工的工作班次，并视工作情况及时进行人员调整。

第四，督促每一个服务员并以身作则向客人介绍、推销产品。

第五，带领服务员做好班前准备工作与班后收尾工作。

第六，营业结束后带领服务员搞好茶艺馆卫生，关好电灯、电力设备开关，锁好门窗、货柜。

第七，配合茶艺馆经理对下属员工进行业务培训，不断提高员工的专业知识和服务技能。

第八，核查账单，保证在客人结账前账目准确。

（三）茶艺馆迎宾员的主要职责

第一，在本茶艺馆入口处，礼貌地迎接客人，引领其到适当座位，拉椅让座。

第二，通知区域领班或服务员，及时送上茶单及其他服务。

第三，清楚认识茶艺馆内所有座位的位置及容量，确保相应的座位上有适当的人数。

第四，将客人平均分配到不同的区域，平衡工作量。

第五，接受或婉言谢绝客人的预订。

第六，帮助客人存放衣帽、雨伞等物品。

（四）茶艺师的主要职责

第一，每天负责准备好充足的货品及用具。

第二，根据客人的要求准备不同的茶叶及沏泡用具。

第三，按照不同的茶叶种类采用不同的方法为客人沏泡。

第四，泡茶时要认真地按照行茶方法和步骤进行沏泡。

第五，耐心细致地为客人讲解。

第六，协调好与服务员的关系。

学习笔记

（五）茶艺员的主要职责

第一，负责擦净茶具、服务用具，搞好茶艺馆卫生工作。

第二，熟悉各种茶叶、茶食，做好推销工作。

第三，按茶艺馆规定的服务程序和规格，为客人提供尽善尽美的服务。

第四，为茶艺师当好助手。

第五，负责客人走后的收尾工作。

第六，接受客人订单，搞好收款结账工作。

第七，随时留意客人的动作，以便客人召唤时能迅速做出反应。

第八，积极参加培训，不断提高服务技能、服务质量。

三、茶艺馆的基本服务流程

第一，员工应穿着工作服准时进入工作岗位。

第二，由领班仔细阅读上一班次在交班本上的留言及签字。

第三，提前 15 分钟到岗，由领班组织开例会。

第四，进行营业区域内的清洁卫生工作，并检查营业所需用品。

第五，当客人进店时，由迎宾员主动热情地迎接并使用礼貌用语："您好！欢迎光临，里面请。"将客人带入茶室的大厅。

第六，由大厅内的茶艺师（员）将客人领入座位，对于初次到来的客人应由茶艺师或领班向客人做店内的全面介绍。

第七，当客人入座时应为其拉开椅子，并安置好客人携带的物品。

第八，由茶艺师（员）双手奉上茶单，并有礼貌地说："您好！这是我们茶艺馆的茶单，请您选择一下您喝哪种茶，需要我给您介绍我们店里的特色茶吗？"同时准备好开茶单（一式三份）完整清楚地填写。

第九，当客人选定茶叶茶点后，应重复客人所点的内容，并收回茶单，有礼貌地对客人说："请您稍等。"

第十，茶艺师（员）将开好的茶单，一份留收银台结账，一份留操作间备货，一份留经理对账。

第十一，将水烧上并对客人说："待水开后我会为您泡茶，我去为您准备茶叶茶点，这是我们茶艺馆的内部介绍，您先看一下，我马上回来为您服务。"

学习笔记

第十二，首先为客人奉上茶点，待水开后准备为客人泡茶，泡茶前应询问客人："先生/女士，水开了现在可以为您泡茶了吗？需要我为您做一下茶艺讲解吗？"

第十三，得到允许后，需要做茶艺表演程序（在操作过程中，动作熟练、轻柔，仪表端庄），正确掌握泡茶要领。

第十四，将茶汤（第二泡）冲好，为客人斟好茶后，将茶汤（第三泡）冲好后，对客人说："茶已为您泡上，您慢用，如有需要请您按红色按钮（我就在您的门外，随时等候为您服务）。"

第十五，同时告诉客人随手泡的使用方法及应注意的问题，然后退出。

第十六，退出后注意为客人更换烟缸、茶船内的废水，更换干果筐（七成满更换），并及时撤掉茶点盘，为客人添加泡茶用水。

第十七，根据茶叶的特性提醒客人更换茶叶，更换前征得客人的同意："先生/女士，这道茶已经很淡了，您需要换茶吗？"

第十八，客人要求结账时，将账单拿给客人说："您一共消费××元。"接过钱后说："谢谢。"

第十九，将零钱同发票一起奉上说："这是找您的零钱和发票，您收好。"

第二十，客人结账后，提醒客人将未用完的茶叶及茶叶桶带走，如是店内的会员，可提醒客人存放茶叶。

第二十一，客人起身离店时，要将客人送至门口，有礼貌地说："您慢走，欢迎您再次光临！再见。"

学习笔记

任务4 茶艺馆的经营与管理

茶艺馆是弘扬中国茶文化的窗口和前沿阵地，是物质文明建设与精神文明建设的统一体。作为企业，它不仅向人们提供精神与物质的享受，也要努力为自身创造经济效益。

一、高雅文化品位的确立

高雅的文化品位是茶艺馆的经营特色；弘扬中国茶文化，振兴中国茶业经济是茶艺馆的经营宗旨。经营宗旨是企业经营的哲学、信条、方针和理念，是企业的立业之本，如果企业没有明确的经营宗旨和特色，企业本身也就失去了生存的价值、空间和社会责任。

中国茶文化博大精深，有非常丰富的内涵。茶艺馆的经营宗旨、灵魂是弘扬中国茶文化，所以在市场定位上，一定要有鲜明的经营特色，坚持以茶文化为中心，围绕茶文化做文章。在装修设计上，无论是豪华或简朴，都以传统的民族文化为基调，融合民族传统的美学、建筑学、民俗学，创造一个浓烈的传统文化氛围。装潢布置上，用具要处处显示传统文化特色。茶艺馆的每一个角落，都要给客人一个强烈的感觉：未品香茗，已闻茶香，未读茶经，已识茶道。

要坚持高品位的茶文化是一件不容易的事，特别是对一些新开办的茶艺馆而言。有很多高品位的茶艺馆惨淡经营，默默做着茶文化的推导普及工作，但也有小部分茶艺馆从短期的企业效益出发，急功近利，打着茶艺的招牌，经营餐饮、酒水、饮料。熙熙攘攘的食客在别人喝茶的同时，却大块食肉，大碗喝酒，大声喧哗。这些所谓的茶艺馆，虽然得到眼前的经营效益，却亵渎了茶文化的基本精神，失去了企业存在的价值。

学习笔记

二、服务对象的选择

一定的客源是维持茶艺馆生存的重要条件。从商业经营的角度看，“人旺财旺”，只有顾客多了，生意才会好，生意好了，企业效益自然高。但人们的文化修养、消费水平存在较大的差异，优雅的文化氛围和淡寡清廉的消费方式不可能马上为大众所接受，茶文化的普及有一段艰难曲折的过程。所以，在服务对象和客源选择上，茶艺馆应该有所侧重。当前，茶艺馆的主要客源是茶艺会员、海内外游客、普通散客。

茶艺会员：茶艺馆发动和组织一批有志于弘扬中国茶文化的专业人士、文人雅客、商界人士来兴办茶艺会，会员既是固定客源，又是茶艺事业的倡导者和推动者。

海内外游客：每个地区都有一些自然的旅游资源，茶艺馆可配合地方的旅游建设，作为人文景观，与当地的旅游部门挂钩定点。这样，不仅可以把中国茶文化介绍给海内外游客，同时也可以促进茶叶、茶具等茶艺商品的销售。

普通散客：由于茶文化的兴起，品茶已成为很多爱茶人士日常的消遣，茶艺馆已是人们休憩、谈事的好场所。无论是洽谈业务、聚会聊天，还是谈情说爱，当人们厌倦了酒吧、歌舞厅的喧闹，就会寻觅一个安静、幽雅的地方。茶艺馆自然是人们追求时尚的首选，这部分客源也是茶艺馆繁荣的重要组成部分，他们的消费水准相对较高。

三、应规避的问题

（一）经营不善，缺乏特色

第一，茶叶的品种虽全，但不精，更没有特色种类的出现。

第二，泡茶所用的茶具总是一个样，没有给客人新鲜的感觉。

第三，茶叶与茶具的搭配不符，定位价格不合理。例如，茶叶的质量好，却无真正好的紫砂壶冲泡，茶叶的实际价格与定价不符。

第四，针对会员的存茶、养壶服务不够专业、透明。例如，当客人存茶时没有向客人说明存茶的时间；不少茶艺馆只是将茶叶放在一个固定位置，并没有做到合理储存。

学习笔记

（二）缺少专业人才

人才与管理是提高企业经济效益的重要方面。相对来说，茶艺馆的经营规模一般不是很大，但企业管理仍然相当重要。一要抓货源管理，目前由于茶叶市场开放，茶叶、茶具的品种、质量、价格相当混乱，稍不注意，就会高价买劣货；二要抓人才管理，社会提倡自由择业，茶艺馆从业人员流动频繁，特别是茶艺服务员，只有相对稳定的茶艺队伍，才能保证茶艺馆的服务水平，树立长期良好的企业形象；三要抓内部管理，对环境卫生、设施更新、人员的仪容仪表等每一细小环节都不能掉以轻心。

如果从发展的角度来看茶艺服务业，近些年来，爱好茶文化的人越来越多。如果问他们为什么参加茶艺培训，他们常回答："就是想以后无论在家还是去茶艺馆，喝茶喝得明白点儿，同时提高一下茶文化底蕴。"所以应在稳定基本思路的条件下，加强和提高茶艺人员的服务素质、文化内涵和知识储备，逐渐走专业化道路，树立特色的企业形象，这是茶艺服务业的发展趋势。

对于一个茶艺馆而言，具有专业素质的茶艺人员才是经营的支柱和未来发展的关键。

1. 从专业培训的角度看待茶艺人员

缺乏专业茶艺人员可以说是业内的重要问题。尤其是一些开业不久或即将开业的茶艺馆，常因为缺少专业的茶艺人员而经营不景气或不能照常开业。

2000 年，国家颁布的《中华人民共和国职业分类大典》已将茶艺师列为一种职业。2018 年 12 月，人力资源社会保障部制定并颁布了《茶艺师国家职业技能标准（2018 版）》。茶艺师这一职业共设五个等级：五级 / 初级工、四级 / 中级工、三级 / 高级工、二级 / 技师、一级 / 高级技师。这一职业标准的制定，无疑是茶艺行业的一件大事。参照这一职业标准对从业人员进行培训，有利于企业的规范化、专业化。可是这个标准并没有被大部分茶艺馆重视，以至于经营无特色，经营不景气。

2. 从茶艺行业的自然现象看待茶艺人员

茶艺人员的职工结构不完善也是业内的重要问题。茶艺人员的学历、知识层次不高，综合素质较低，对茶的专业知识、对茶艺的深层理解，以及美学、心理学素养都有待进一步提高。

四、整体服务水平的提高

学习笔记

茶艺馆是新生事物，在市场经济的大潮下，必然面临严峻的挑战和激烈的竞争，要立于不败之地，除了坚持高品位的文化特色，还需不断提高整体的服务水平。

由于面对的是较高层次的服务对象，要求茶艺服务员和管理人员具备比一般服务行业更高的文化素质和服务水平，茶艺馆从业人员通过自己的“讲”和“做”，使服务对象得到精神和物质的享受。

“讲”和“做”是服务人员服务水平的具体表现，是服务人员文化素质和操作技能的具体反映。茶艺馆从业人员必须具备以下服务素养。

第一，对茶的历史、栽培、加工制造、茶叶的分类与茶事茶话、茶具的知识有深入的了解。

第二，能熟练操作各种茶的沏泡。

第三，具备与茶文化有关的中国传统文化的基本知识。

第四，应具备良好的文化素质。

服务水平高低，直接关系到茶文化的传播和企业在市场竞争中的地位，所以，茶艺馆必须把提高服务水平作为“企业的生命”来认识。

拓展阅读

1. 茶叶的挑选

茶叶没有绝对的好坏之分，主要看个人喜欢哪种口味。一般说来，判断茶叶的好坏可以从察看茶叶、嗅闻茶香、品尝茶味和分辨茶渣入手。

（1）察看茶叶

察看茶叶就是观赏干茶和茶叶开汤后的形状变化。所谓干茶就是未冲泡的茶叶；所谓开汤，是指干茶用开水冲泡出茶汤内质来。

茶叶的外形随种类的不同而有各种形态，有扁形、针形、螺形、眉形、珠形、球形、半球形、片形、曲形、兰花形、雀舌形、菊花形、自然弯曲形等，各具优美的姿态。而茶叶开汤后，茶叶的形态会产生各种变化，或快，或慢，宛如曼妙的舞姿，直至展露原本的形态，令人赏心悦目。

观察干茶要看干茶的干燥程度，如果有点回软，最好不要买。另外看茶叶的叶片是否整洁，如果有太多的叶梗、黄片、渣沫、杂质，则不是上等茶叶。然后，要看干茶的条索外形。条索是茶叶揉成的形态，每种茶有它固定的形态规格。龙井茶是剑片状，青茶自然弯曲不要太卷，冻顶茶揉成半球形，铁观音茶紧结成球状，香片则切成细条或者碎条。不过，光是看干茶顶多能看出 30%，并不能马上看出这是好茶或者是坏茶。

茶叶依颜色分绿茶、黄茶、白茶、青茶、红茶、黑茶六大类（指干茶）。开汤之后，各类茶汤颜色的变化又是值得观察的过程。

将适量茶叶放在玻璃杯中，或者在透明的容器里用热水一冲，茶叶就会慢慢舒展开。可以同时泡几杯来比较不同茶叶的好坏，其中舒展顺利、茶汁分泌最旺盛、茶叶身段最为柔软飘逸的茶叶，是最好的茶叶。冲泡茶叶后，内含成分溶解在沸水中的溶液所呈现的色彩，称为汤色。视茶汤要快，要及时，因为茶多酚类溶解在热水中后与空气接触很容易氧化变色，例如绿茶的汤色氧化即变黄，红茶的汤色氧化变暗等，时间拖延过久，会使茶汤浑浊而沉淀。红茶则在茶汤温度降至 20℃以下后，常发生凝乳浑汤现象，俗称“冷后浑”，这是红茶色素和咖啡碱结合产生黄浆状不溶物的结果。冷后浑出现早且呈粉红色者是茶味浓、汤色艳的红茶；冷后浑呈暗褐色，是茶味钝、汤色暗的红茶。

茶汤也会因为发酵程度的不同，以及焙火轻重的差别而呈现

学习笔记

深浅不一的颜色。但是，有一个共同的原则，不管颜色深或浅，一定不能浑浊、灰暗，清澈透明才是好茶汤应该具备的条件。

一般情况下，随着汤温的下降，汤色会逐渐变深。在相同的温度和时间内，红茶汤色变化大于绿茶，大叶种大于小叶种，嫩茶大于老茶，新茶大于陈茶。观察茶汤的颜色，以冲泡滤出后10分钟以内的为宜。不过千万要记住，在做比较的时候，一定要拿同一种类的茶叶。

（2）嗅闻茶香

将少许干茶放在器皿中（或直接抓一把茶叶放在手掌中），闻一闻干茶的清香、浓香、糖香，判断一下有无异味、杂味等。

透过玻璃杯，只能看出茶叶表面的优劣，至于茶叶的香气、滋味并不能够完全体会，所以开汤泡一壶茶来仔细地品味是有必要的。茶泡好、茶汤倒出来后，可以趁热打开壶盖，或端起茶杯闻闻茶汤的热香，判断一下茶汤的香型（有菜香、花香、果香、麦芽糖香）。同时判断一下有无烟味、油臭味、焦味或其他的异味。这样，可以判断出茶叶的新旧、发酵程度、焙火轻重。在茶汤温度稍降后，即可品尝茶汤。这时可以仔细辨别香味的清浊浓淡及闻闻茶的香气，如此更能认识其香气特质。等喝完茶汤，茶渣冷却之后，还可以回过头来欣赏茶渣的冷香，嗅闻茶杯的杯底香。如果是劣等的茶叶，这个时候香气已经消失殆尽了。

嗅香气的技巧很重要。在茶汤浸泡5分钟左右就应该开始嗅香气，最适合嗅茶叶香气的叶底温度为45～55℃，超过此温度时，就会感到烫鼻；低于30℃时，茶香低沉，特别对染有烟气、木气等异气者，很容易随热气挥发而变得难以辨别。

嗅香气应以左手握杯，靠近杯沿用鼻趁热轻嗅或深嗅杯中叶底发出的香气，也有将整个鼻部深入杯内，接近叶底以扩大接触香气面积，增加嗅感。为了正确判断茶叶香气类的高低、长短、强弱、清浊及纯杂等，嗅时应重复一两次，但每次嗅时不宜过久，以免因嗅觉疲劳而失去灵敏感，一般是3秒左右。嗅茶香的过程是：吸（1秒）—停（0.5秒）—吸（1秒），依这样的方法嗅出茶的香气，此时嗅的香气是“高温香”。另外，可以在品味时，嗅出茶的“中温香”。而在品味后，更可嗅茶的“低温香”或者“冷香”。好的茶叶，有持久的香气。只有香气较高且持久的茶叶，才有余香、冷香，也才会是好茶。

（3）品尝茶味

茶汤的滋味以微苦中带甘为最佳。好茶喝起来甘醇浓稠，有

学习笔记

活性，喝后喉头甘润的感觉持续很久。

人的舌头是辨别口味好坏的味觉器官。舌头可分为舌根、舌体和舌尖。舌根感受苦味；舌尖感受甜味；舌缘两侧后部感受酸味；舌尖与舌缘两侧前部感受咸味；舌心感受鲜味和涩味。

品滋味时，舌头的姿势要正确。把茶汤吸入嘴内后，舌尖顶住上层齿根，嘴唇微微张开，舌稍向上抬，使茶汤摊在舌的中部，再用腹部呼吸从口慢慢吸入空气，使茶汤在舌上微微滚动，连吸两次气后，辨出滋味。若初感有苦味的茶汤，应抬高舌位，把茶汤压入舌根，进一步评定苦的程度。对有烟味的茶汤，应把茶汤送入口后，嘴巴闭合，舌尖顶住上颚板，用鼻孔吸气，把口腔鼓大，使空气与茶汤充分接触后，再由鼻孔把气放出。这样重复二三次，对烟味的判别效果就会明确。

品味茶汤的温度以40～50℃为最适合，如高于70℃，味觉器官容易烫伤，影响正常的评味；而低于30℃时，味觉品评茶汤的灵敏度较差，且溶解于茶汤中与滋味有关的物质在汤温下降时逐步被析出，汤味由协调变为不协调。

品味时，每一品茶汤的量以5毫升左右最适宜，过多时，感觉满嘴是汤，口中难于回旋辨味；过少也觉得嘴空，不利于辨别。每次在3～4秒的时间中，将5毫升的茶汤在舌中回旋2次，品味3次即可，也就是一杯15毫升的茶汤分3次喝，就是“品”的过程。

品味要自然，速度不能快，也不宜大力吸，以免茶汤从齿间隙进入口腔，使齿间的食物残渣被吸入口腔与茶汤混合，增加异味。品味，主要是品茶的浓淡、强弱、爽涩、鲜滞、纯异等。为了真正品出茶的本味，在品茶前最好不要吃有强烈刺激味觉的食物，如辣椒、葱蒜、糖果等，也不宜吸烟，以保持味觉与嗅觉的灵敏度。在喝下茶汤后，喉咙感觉应是软甜、甘滑，有韵味，齿颊留香，回味无穷。

（4）分辨茶渣

分辨茶渣是辨别茶叶的最后一个步骤。有一点要提醒大家，茶叶不全是越嫩越好，有些茶叶必须是摘嫩芽，而且芽尖白毫要越多越好，像龙井、白毫乌龙。但像冻顶茶、铁观音茶等，则必须等芽长成对口叶，所以这几种茶的叶底必须看起来是成熟的叶片才好，芽尖太多了反而是缺点。

茶叶叶底中主要呈色物质是叶绿素、叶黄素、类胡萝卜素及红茶色素与蛋白质结合的产物，这些物质不溶于水，泡茶时，它们会残留于茶渣中。红茶色素主要是茶黄素、茶红素和茶褐素。

学习笔记

辨叶底主要靠视觉和触觉，以眼睛和手指作用，辨认叶底的老嫩、色泽、均匀度、软硬、厚薄等来评定优劣，并注意有无掺杂及异常的损伤等。

一般来说红茶的叶底是黄红到红褐色，绿茶的叶底是翠绿到黄绿色，乌龙茶的叶底是绿叶红镶边，黄茶的叶底呈黄色，黑茶的叶底呈黑色，白茶的叶底呈黄白色。

品茶是从赏干茶的外形开始，开汤之后，将茶壶的茶汤倒入闻香杯中，随后把闻香杯的茶汤倒入品茗杯，并适时注视茶汤的颜色，即取起闻香杯，嗅茶香、品滋味、辨叶底，过程的动作优美，辅以清风、明月、纸帐、竹床、名花、奇树、焚香、挂画等静雅的品茗环境，就能乐在其中，享受一杯美妙的茶。

2. 泡茶要素

在日常生活中，虽然人人都喝茶、泡茶，但要喝好茶、泡好茶，并非易事。

泡茶可以因时、因地、因人的不同而有不同的方法。泡好一壶茶有四大要素：一是茶叶的用量，二是水的温度，三是浸泡的时间，四是行茶的程序。

（1）茶叶的用量

泡茶的时候，茶叶的用量可以依各人喜好的浓度、沏泡什么样的茶而定。如果是紧结的半球形或球形茶叶，约放壶的1/2或1/3；如果是外形疏松的茶叶，用量可增多。另外茶叶的用量取决于茶壶的大小。人多用大壶，人少用小壶。小壶的用茶量，以放半壶茶叶为标准，第一泡45秒即可倒出来，第二泡要加15秒，以此类推。也就是第二泡以后要逐泡增加时间，这样每泡的茶汤浓度才能够相同。目前公认的冲泡标准，是用3克茶叶冲150毫升的开水，浸泡5分钟。冲泡时，依据这个标准加以变化即可。还有一点要特别注意，当茶泡到喜欢的浓度后，要一次就把茶汤全倒出来，否则一直泡着，原本可以泡三次的茶叶浓缩在一次茶汤里，茶汤的浓度就太大了。

另外，用茶量的多少，还要因人而异。如果饮茶人是老茶客，或是体力劳动者，一般可以适当加大用茶量，泡上杯浓香的茶汤；如果饮茶者是脑力劳动者，或无嗜茶习惯的人，可适当少放一些茶叶，泡上杯清香而醇和的茶汤。一般情况下，泡上杯浓淡适中的茶汤即可。

（2）水的温度

一般说来，泡茶水温的高低，与茶叶种类及制茶原料密切相

学习笔记

关：较粗老原料加工而成的茶叶，宜用沸水直接冲泡；用细嫩原料加工而成的茶叶，宜用降温以后的沸水冲泡。具体说来，对用粗老原料加工而成的砖茶，即使打碎以后用 100℃的沸水冲泡，也很难将茶汁浸泡出来。所以，喝砖茶时，须先将打碎的砖茶放入容器，加入一定量的水，再经煎煮，方能饮用。各种乌龙茶因采用新梢快要成熟时的茶叶加工，即使采用 95℃的沸水直接冲泡，也会觉得温度偏低。为此，一些比较讲究喝乌龙茶的茶客，常常将茶具烫热后再泡茶。大宗红茶、绿茶和花茶的采制原料适中，可用 90℃左右的水冲泡。至于采摘比较细嫩的高档红茶、绿茶，特别是一些细嫩名茶，如洞庭碧螺春、西湖龙井、南京雨花茶、君山银针等，如果用沸腾的开水泡茶，会使茶叶泡熟变色，茶叶中高含量的维生素等对人体有益的营养成分遭到破坏，从而使名茶的清香和鲜爽味降低，叶底泛黄，这样就无法体现名茶的品质。所以在冲泡细嫩名优茶时，一般不用沸水而是用温度 70～80℃的开水，这样可使茶汤清澈明亮，香气纯而不钝，滋味鲜而不熟，叶底明而不暗，饮之可口，视之幼嫩，使人获得精神和物质上的享受。

学习笔记

判断水的温度时，可先用温度计和计时器来测量，等掌握之后，就可凭经验来断定了。当然，所有的泡茶用水都得煮开，以自然降温的方式来达到控温的效果。

（3）浸泡的时间

人们对茶叶内所含有的有效成分能够利用到多少，与茶叶浸泡时间的长短关系很大。根据研究测定，茶叶经沸水冲泡后，首先从茶叶中浸出维生素、氨基酸、咖啡碱等，一般浸泡到 3 分钟时，上述物质在茶汤中已有较高的含量。由于这些物质的存在，茶汤喝起来有鲜爽醇和之感，但不足的是缺少茶汤应有的刺激味。以后，随着茶叶浸泡时间的延长，茶叶中的茶多酚类物质陆续被浸出，一般当茶叶浸泡到 5 分钟时，茶汤中的茶多酚类物质已相当高了。这时的茶汤，喝起来鲜爽味减弱，苦涩味等相对增加。因此，要泡上一杯既有鲜爽之感，又有醇厚之味的茶，对一般普通等级红茶、绿茶来说，经浸泡三四分钟后饮用，就能获得最佳的味感。

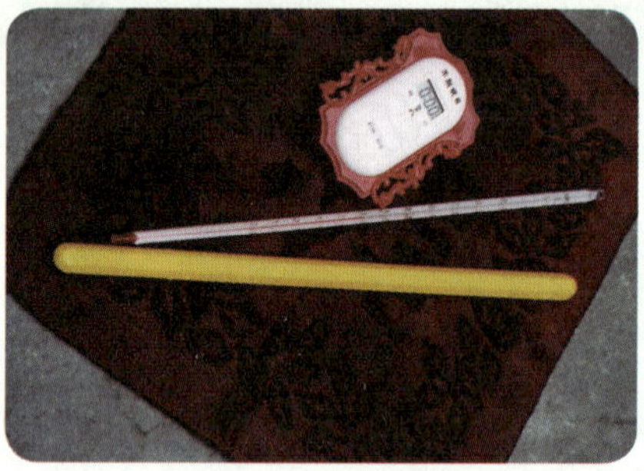

图 8-19　温度计和计时器

茶叶中各种物质在沸水中浸出的快慢，还与茶叶的老嫩和加工方式有关。一般说来，细嫩茶叶的茶汁比粗老茶叶的茶汁容易浸出，浸泡时间宜短些；反之，则要长些。松散型茶叶的茶汁比紧压型茶叶的茶汁容易浸出，浸泡时间宜短些；反之，则要长些。碎末型茶叶的茶汁比完整型茶叶的茶汁容易浸出，浸泡时间宜短些；反之，则要长些。与普通茶的沏泡相比，高级细嫩名茶的沏泡不但用茶量可适当减少，还应采取茶具小、水量少、浸泡时间短、泡后不加盖等方法；对于注重香气的茶叶（如乌龙茶、各种花茶），泡茶时，为了不使花香散失，不但需要加盖，而且冲泡时间不宜长，通常两三分钟即可；紧压茶（如各种砖茶）不重香气，只求滋味，所以，一般采用煎煮方法烹茶，甚至采用长时间炖茶的方式，以适应边疆民族随时取饮的习惯。红茶中的红碎茶，多用来调制奶茶；绿茶中的颗粒绿茶，多用来制成袋泡茶，它们在加工过程中经充分揉捻切细，一经沸水冲泡，茶汁几尽，因此，浸泡时间宜短，而且一般只能冲泡一次。白茶冲泡时，要求沸水的温度在70℃左右，一般在四五分钟后，浮在水面的茶叶才开始徐徐下沉，这时，品茶者应以欣赏为主，观茶形，察沉浮，从不同的茶姿、颜色中使自己的身心得到愉悦，一般到10分钟，方可品饮茶汤。否则，不但会失去品茶的艺术享受，而且饮起来淡而无味，这是因为白茶加工未经揉捻，细胞未曾破碎，所以茶汁很难浸出，浸泡时间须相对延长。

茶叶冲泡次数，应根据茶叶种类和饮茶方式而定。各种袋泡茶和红碎茶，由于这类茶中的内含成分很容易被沸水浸出，一般都是冲泡一次就将茶渣滤去，不再重泡。而条形绿茶如眉茶、花茶以及乌龙茶，茶汁浸出较慢，所以，通常可浸泡两三次。据试验测定，这类茶第一次冲泡后，其茶汤中的水溶浸出物大约可占茶叶可溶物的55%左右；第二次一般为30%左右；第三次一般为10%；第四次只有1%~3%。就茶叶的主要营养成分而言，茶叶中的维生素C和氨基酸，经第一次冲泡后，已有80%左右被浸出；第二次冲泡后，95%以上被浸出。其他一些成分（如茶多酚、咖啡碱等），也都是第一次浸出量最多，经三次冲泡后，已几乎全量浸出。因此，就茶叶的营养成分和药效作用而言，一般大宗茶类，以三次冲泡为限。从茶叶的香气、滋味而言，一般是第一泡茶香味鲜爽，第二泡茶浓而不鲜，第三泡茶香尽味淡，第四泡茶缺少滋味，至于第五泡、第六泡，已无多少品饮价值了。通常花茶可连续冲泡两三次；乌龙茶可连续冲泡四五次；白茶只能冲泡一两次。

（4）行茶的程序

泡茶的程序和礼仪是茶艺很重要的组成部分，这部分也称为

学习笔记

"行茶法"。行茶法分为三个阶段，第一个阶段是准备，第二个阶段是操作，第三个阶段是结束。

准备阶段是在客人来临前，也就是操作阶段之前的所有准备工作，因各种情况不同，准备的工作量不同，但必须准备到能使操作工作顺利进行为止；操作阶段是指整个泡茶过程；结束阶段是操作完成后的收拾工作。

不同的茶类有不同的冲泡方法，冲泡礼仪也有所不同。也就是说，在众多的茶叶花色、品种中，由于每种茶的特点不同，或重香，或重味，或重形，或重色，或兼而有之，这就要求泡茶有不同的侧重点，并采取相应的方法，以发挥茶叶本身的特色。但不论泡茶技艺如何变化，要冲泡任何一种茶，除了备茶、选水、烧水、配具，还有以下泡茶程序是需要共同遵守的。

①清具

用热水冲淋茶壶，包括壶嘴、壶盖，同时烫淋茶杯。随即将茶壶、茶杯沥干。其目的是提高茶具温度，使茶叶冲泡后温度相对稳定，不使温度过快下降，这对较粗老茶叶的冲泡，尤为重要。

②置茶

按茶壶或茶杯的大小，用茶则置一定数量的茶叶入壶（杯）。如果用盖碗泡茶，那么，泡好后可直接饮用，也可将茶汤倒入杯中饮用。

③冲泡

置茶入壶（杯）后，按照茶与水的比例，将开水冲入壶中。冲水时，除乌龙茶冲水须溢出壶口、壶嘴外，通常以冲水八分满为宜。如果使用玻璃杯或白瓷杯冲泡注重欣赏的细嫩名茶，冲水也以七八分满为度。冲水时，将水壶下倾上提三次，其意一是表示主人向客人点头，欢迎致意；二是可使茶叶和茶水上下翻动，使茶汤浓度一致。

④奉茶

奉茶时，主人要面带笑容，最好用茶盘托着送给客人。如果直接用茶杯奉茶，则应在放置客人面前时，手指并拢伸出，以示敬意。应从客人侧面奉茶，若左侧奉茶，则用左手端杯，右手做"请用茶"姿势；若右侧奉茶，则用右手端杯，左手做"请用茶"姿势。这时，客人可用右手除拇指外其余四指并拢弯曲，轻轻敲打桌面，或微微点头，以表谢意。

⑤赏茶

如果饮的是高级名茶，那么，茶叶冲泡后，不可急于饮茶，

学习笔记

应先观色察形，接着端杯闻香，再啜汤赏味。赏味时，应让茶汤从舌尖沿舌两侧流到舌根，再回到舌头，如此反复2~3次，以留下茶汤清香甘甜的回味。

⑥续水

一般当已饮去2/3壶的茶汤时，就应续水入壶。一旦到茶水全部饮尽时再续水，则续水后的茶汤就会淡而无味了。续水通常两三次就够了。如果还想继续饮茶，那么应该重新冲泡。

总之，泡茶时茶叶的用量、水的温度、浸泡的时间、行茶的程序要正确掌握。这样才能泡好茶，从中得到美的享受。

综合练习

利用你所学的知识，计划经营一家小型茶艺馆，并列出以下内容。

制订创业计划：

选址的要求：

装修布局设计：

人员的配备：

茶艺馆的经营管理：

茶艺馆的运营：

自我评价：

学习笔记

《茶艺与服务》

数字资源使用说明

扫码登录

首次扫描书中二维码需进行登录，已注册过京师E课的用户直接登录，未注册的用户用手机号注册后登录。

激活课程

登录成功后，弹出激活弹框，输入激活码**N7VvYVbw**进行激活。

获取资源

成功激活课程后，即可直接扫描书中任意二维码获取相关数字资源。

京师E课电脑端网址：https://jsek.bnuic.com/

本书资源

实操视频　　教学课件

京师职教　　京师学前